天然气水合物高分辨率地震勘查技术方法

TIANRANQI SHUIHEWU GAO FENBIANLÜ
DIZHEN KANCHA JISHU FANGFA

骆 迪 闫桂京 蔡 峰 李 清 著

图书在版编目(CIP)数据

天然气水合物高分辨率地震勘查技术方法/骆迪等著. —武汉:中国地质大学出版社,2024.11. —ISBN 978-7-5625-5981-8

Ⅰ.P631.4

中国国家版本馆CIP数据核字第202469L0V8号

天然气水合物高分辨率地震勘查技术方法	骆 迪 闫桂京 蔡 峰 李 清	著

责任编辑:韩 骑	选题策划:张晓红 韩 骑	责任校对:何澍语

出版发行:中国地质大学出版社(武汉市洪山区鲁磨路388号)　　邮编:430074
电　　话:(027)67883511　　传　　真:(027)67883580　　E-mail:cbb@cug.edu.cn
经　　销:全国新华书店　　　　　　　　　　　　　　　　　　http://cugp.cug.edu.cn

开本:787mm×1092mm　1/16　　　　　　　　字数:176千字　　印张:7.25
版次:2024年11月第1版　　　　　　　　　　印次:2024年11月第1次印刷
印刷:武汉中远印务有限公司

ISBN 978-7-5625-5981-8　　　　　　　　　　　　　　　　　　定价:68.00元

如有印装质量问题请与印刷厂联系调换

目 录

1 引 言 ·· (1)
  1.1 天然气水合物概述 ·· (1)
    1.1.1 天然气水合物的概念和晶体结构 ··· (1)
    1.1.2 天然气水合物的研究意义 ·· (1)
    1.1.3 天然气水合物的成藏类型 ·· (2)
  1.2 天然气水合物的形成条件与分布 ·· (3)
    1.2.1 天然气水合物的形成条件 ·· (3)
    1.2.2 全球天然气水合物分布 ··· (4)
  1.3 天然气水合物地震勘探技术 ·· (5)
    1.3.1 地震勘探技术在海域天然气水合物勘探中的重要性 ························· (5)
    1.3.2 天然气水合物地震响应特征 ··· (6)
    1.3.3 常规地震勘探技术在水合物勘查中的局限性 ································· (16)

2 高分辨率地震勘查技术 ·· (18)
  2.1 高分辨率地震勘查技术的理论基础 ·· (18)
    2.1.1 地震分辨率的概念 ·· (18)
    2.1.2 地震分辨率的影响因素 ··· (18)
  2.2 电火花震源高分辨率地震勘查技术 ·· (19)
    2.2.1 电火花震源的特点 ·· (19)
    2.2.2 电火花震源与气枪震源对比分析 ··· (20)

3 电火花震源高分辨率地震数据采集 ·· (27)
  3.1 电火花震源高分辨率地震调查仪器设备 ··· (27)
  3.2 施工方法与资料采集 ··· (28)
    3.2.1 导航定位 ·· (28)
    3.2.2 高分辨率二维多道地震采集参数试验 ··· (30)
    3.2.3 高分辨率地震资料采集流程 ··· (33)

4 电火花震源高分辨率地震数据处理 ·· (37)
  4.1 原始资料分析 ··· (37)
    4.1.1 频谱分析 ·· (37)
    4.1.2 噪声分析 ·· (39)
    4.1.3 虚反射多次波分析 ·· (41)
    4.1.4 震源沉放深度分析 ·· (41)

· I ·

4.1.5　电缆沉放深度 ………………………………………………………………… (42)

4.2　原始资料处理的难点分析 ……………………………………………………………… (43)

　　4.2.1　虚反射多次波影响地震分辨率 ……………………………………………… (43)

　　4.2.2　震源和电缆沉放深度误差对地震分辨率的影响 …………………………… (43)

　　4.2.3　排列长度对速度分析精度的影响 …………………………………………… (48)

4.3　高分辨率地震资料处理关键技术 ……………………………………………………… (49)

　　4.3.1　基于虚反射的电缆沉放深度剩余时差校正 ………………………………… (49)

　　4.3.2　虚反射压制 ……………………………………………………………………… (50)

　　4.3.3　基于地震模型学相似性原则的精细速度分析 ……………………………… (52)

4.4　高分辨率地震资料处理流程 …………………………………………………………… (54)

　　4.4.1　处理流程 ………………………………………………………………………… (54)

　　4.4.2　噪声压制 ………………………………………………………………………… (54)

　　4.4.3　球面扩散振幅补偿 ……………………………………………………………… (60)

　　4.4.4　时差校正 ………………………………………………………………………… (60)

　　4.4.5　多次波压制 ……………………………………………………………………… (62)

　　4.4.6　虚反射多次波压制 ……………………………………………………………… (63)

　　4.4.7　精细速度分析 …………………………………………………………………… (67)

　　4.4.8　保幅处理 ………………………………………………………………………… (69)

　　4.4.9　叠前时间偏移 …………………………………………………………………… (69)

5　电火花震源高分辨率地震勘查技术应用 ……………………………………………………… (75)

5.1　天然气水合物富集区地震勘查技术 …………………………………………………… (75)

　　5.1.1　叠后地震属性分析技术 ………………………………………………………… (75)

　　5.1.2　振幅随偏移距的变化(AVO)属性分析 ……………………………………… (76)

　　5.1.3　分频属性分析技术 ……………………………………………………………… (79)

5.2　电火花震源高分辨率地震在水合物勘查中的应用 …………………………………… (89)

　　5.2.1　扩散型水合物 …………………………………………………………………… (89)

　　5.2.2　渗漏型水合物 …………………………………………………………………… (97)

主要参考文献 ……………………………………………………………………………………… (109)

1 引 言

1.1 天然气水合物概述

1.1.1 天然气水合物的概念和晶体结构

天然气水合物,又名可燃冰,是一种固态冰晶物质,主要由气体(甲烷、乙烷和丙烷等)和水在低温、高压条件下形成,一般呈白色或浅灰色,通常位于大陆边缘的浅层沉积物和陆域永久冻土区。

目前已发现的水合物晶体结构主要有Ⅰ型、Ⅱ型和H型,分别是立方晶体结构、菱形立方晶体结构和六方晶体结构(图1-1)。Ⅰ型、Ⅱ型水合物晶格都具有大小不同的2种笼形孔穴,H型水合物则有3种大小不同的笼形孔穴。一个笼形孔穴一般只能容纳一个客体分子,客体分子(气体分子)与主体分子(水分子)之间以范德华力相互作用,这种作用力是水合物结构形成和稳定的基础。五边形十二面体(5^{12}笼)是这3种水合物晶体结构的基本组成部分,由20个水分子组成,其形状近似为球形。Ⅰ型水合物立体晶体结构包含46个水分子,由2个小笼和6个大笼组成,小笼为5^{12}笼,大笼是由1个5^{12}笼和2个六边形组成的十四面体($5^{12}6^2$),是由24个水分子组成的扁球形结构,因此Ⅰ型结构的晶胞结构式为$2(5^{12})6(5^{12}6^2) \cdot 46H_2O$。自然环境中分布的水合物主要为Ⅰ型水合物。Ⅱ型水合物是面心立方结构,包含136个水分子,由8个大笼和16个小笼组成。小笼也是5^{12}笼,其直径略小于Ⅰ型水合物的,大笼是由12个五边形和4个六边形组成的准球形十六面体($5^{12}6^4$),因此Ⅱ型水合物的晶体结构式为$16(5^{12})8(5^{12}6^4) \cdot 136H_2O$。H型水合物是简单的六方结构,包含3种不同的笼形结构:3个5^{12}笼、2个$4^35^63^3$笼和1个$5^{12}6^8$笼。其中,$4^35^63^3$笼是由20个水分子组成的扁球形十二面体,$5^{12}6^8$是由36个水分子组成的椭球形二十面体,H型水合物的晶体结构式为$3(5^{12})2(4^35^63^3)1(5^{12}6^4) \cdot 34H_2O$。H型水合物最早于墨西哥湾大陆斜坡被发现,此外,在格林大峡谷发现了Ⅰ型、Ⅱ型和H型水合物共存的现象(吴时国等,2015)。

1.1.2 天然气水合物的研究意义

天然气水合物作为地球上储量极为丰富的非常规能源,对其进行研究具有深远的意义。随着全球能源需求的持续增长和传统化石能源储量的逐渐枯竭,寻找新的能源替代方案已成

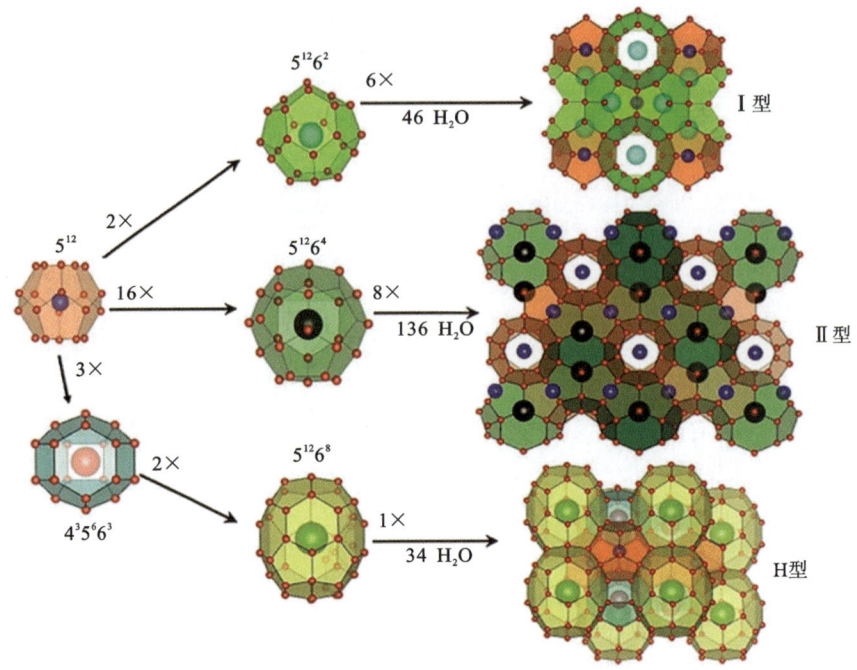

图 1-1 天然气水合物晶体结构示意图

为国际社会共同面临的紧迫任务。天然气水合物以其巨大的资源潜力和高能量密度,被视为未来能源的重要来源之一。通过科学研究和技术创新,实现天然气水合物的有效勘探、开采和利用,将极大地缓解全球能源供应紧张的局面,促进能源结构的多元化和可持续发展。因此,对天然气水合物的研究不仅关乎国家能源安全,更是推动全球能源转型和经济发展的重要驱动力。

天然气水合物在自然界中的存在也伴随着潜在的灾害风险,其研究对灾害预防与应对也具有重要意义。一方面,天然气水合物在特定条件下可能发生分解,释放大量甲烷气体。甲烷作为强效温室气体,其大量释放将对全球气候产生显著影响,加剧温室效应和气候变化。另一方面,天然气水合物的存在还可能引发海底滑坡、海底甲烷泄漏等地质灾害,对海洋生态环境和人类活动构成威胁。因此,深入研究天然气水合物的稳定性、分解机制及其与地质环境的相互作用,有助于预测和评估其可能引发的灾害风险,制定相应的防灾减灾措施。这对保护海洋生态环境、维护人类生命财产安全及促进可持续发展具有不可估量的价值。

1.1.3 天然气水合物的成藏类型

从全球范围来看,水合物的成藏类型可分为扩散型水合物和渗漏型水合物。其中,扩散型水合物,又称孔隙充填型水合物,主要赋存于地层沉积物颗粒间的微孔隙中,一般为肉眼不可见的水合物结晶体。这类水合物埋藏较深,一般位于海底以下200m沉积层中,周围一般不发育断层,上有非渗透的盖层。扩散型水合物的气源主要是浅层沉积物中有机质生物化学作用形成的生物气,可能伴有少量的热解气,这些天然气通过沉积物的孔隙、微裂缝和层间断层,在浓度差、压力和毛细管力等作用驱动下以扩散的方式运移,从而形成自生自储的扩散型水合物,且天然气的运移通量较小,速度较慢(苏正和陈多福,2006),该类型水合物在全球海域广泛分布,主要识别标志是地震剖面中的似海底反射(Bottom Simulating Reflector, BSR)。

渗漏型水合物,又称裂隙充填型水合物,一般分布于海底浅表层,通常以结核状、脉状、块状等形式赋存于海底沉积层中,饱和度一般高于扩散型水合物。渗漏型水合物是由深部热解气,通过断层、裂隙和底辟等运移通道以高通量的渗漏方式运移至水合物稳定带内,与周围的水分子结合而形成,因此与海底冷泉活动密切相关,常与麻坑、丘状体、泥火山和底辟等相伴生,往往赋存于海底表面或浅表层和与冷泉活动有关的裂隙中。该类水合物在地震剖面中通常没有明显的BSR,因此通过地震勘探手段识别这类水合物难度较大。然而,它们在地球化学和生物特征上却表现出显著的异常,通常具有强烈的甲烷厌氧氧化作用,伴随着贻贝、管虫等冷泉生物发育。渗漏型水合物分布有限,典型的渗漏型水合物(图1-2)主要分布在墨西哥湾、黑海、日本海、鄂霍次克海和中国南海等海域。

图1-2 日本海上越盆地渗漏型水合物岩心(Matsumoto et al.,2017)

1.2 天然气水合物的形成条件与分布

1.2.1 天然气水合物的形成条件

自然界中水合物的形成需要具备充足的水和气源、足够低的温度和较高的压力,以及有利的储藏空间(樊栓狮等,2004)。天然气水合物的形成依赖于一系列独特而复杂的地质条件,主要包括深海的低温高压环境、富含甲烷等烃类气体的天然气源,以及有利于这些气体与水分子相互作用的沉积物环境。在地质历史上,随着地壳运动、板块构造变化和海洋环境的变迁,特定区域的海底沉积物中逐渐富集了大量的天然气和水。当这些沉积物被埋藏至足够深的水下,温度降低到适宜的范围(通常在 0℃附近),同时压力随着水深的增加而显著增大时,天然气分子与水分子便开始在特定的地质构造和沉积物孔隙中相互作用,形成稳定的固体结晶——天然气水合物。这一过程不仅受到地质构造活动、沉积速率、有机质分解速率等多种地质因素的控制,还受到海洋环流、海底地形地貌等海洋环境因素的影响。因此,天然气水合物的形成是地质条件与海洋环境共同作用的结果,其形成和分布具有显著的地域性和多样性。

1.2.2 全球天然气水合物分布

天然气水合物主要分布在深海和陆域永久冻土。根据美国地质调查局(United States Geological Survey,USGS)的统计数据(Waite et al.,2020),截至 2020 年,全球已经发现和推测出来的水合物矿点或赋存区达到 438 处,直接观测到的有 203 处,其他均是通过物化探和地质研究等间接证据推断出来的(图 1-3)。已经发现的水合物赋存区大多数分布于大西洋和太平洋东、西两侧的外陆缘及印度洋北部。沿大西洋西部陆缘有纽芬兰近海、巴尔的摩海槽、布莱克海台、墨西哥湾、加勒比海、巴西近海和大西洋东缘的几内亚近海等。沿太平洋东部陆缘有白令海、东阿留申海沟、北卡斯卡迪亚陆缘、加利福尼亚近海、中亚美利加海沟、巴拿马盆地和秘鲁-智利海沟等。沿太平洋西缘有鄂霍次克海、日本海、南海海槽、中国南海、苏拉威西海、帝汶海沟、豪勋爵海底高原、新西兰北岛岛坡等。在印度洋北部有阿拉伯海的莫克兰增生楔、印度半岛西部陆缘的孟买盆地、克拉拉-康坎盆地、印度半岛东缘的克里希纳-戈达瓦里盆地(KG 盆地)、默哈纳迪盆地和安达曼岛近海等。此外,在内陆地区还有地中海、黑海、里海、马尔马拉海和贝加尔湖。

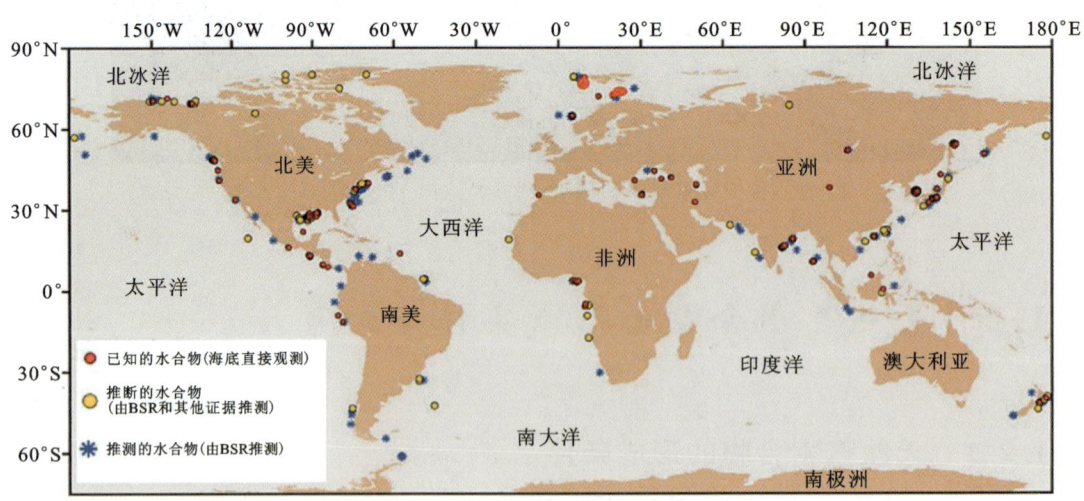

图 1-3 海域天然气水合物全球分布图(Waite et al.,2020)

1.3 天然气水合物地震勘探技术

1.3.1 地震勘探技术在海域天然气水合物勘探中的重要性

天然气水合物的物理性质与冰相似,在其形成过程中,固体形态的水合物逐渐取代了原本赋存于孔隙中的水,造成沉积物孔隙度降低,同时弹性模量增大,进而导致地震纵波(P波)、横波(S波)速度增加,导电性降低,电阻率增加。通常情况下,纯净的水合物的纵波速度约为3300m/s,密度一般低于水,约为0.9g/cm³。水合物赋存区常伴随游离气的存在,游离气的存在对沉积物的物理性质具有显著影响,少量的游离气就会引起纵波速度的大幅下降,因此,由于水合物和/或游离气体的存在而产生的物性变化(图1-4)会引起地球物理异常,是识别海底水合物赋存的重要依据。

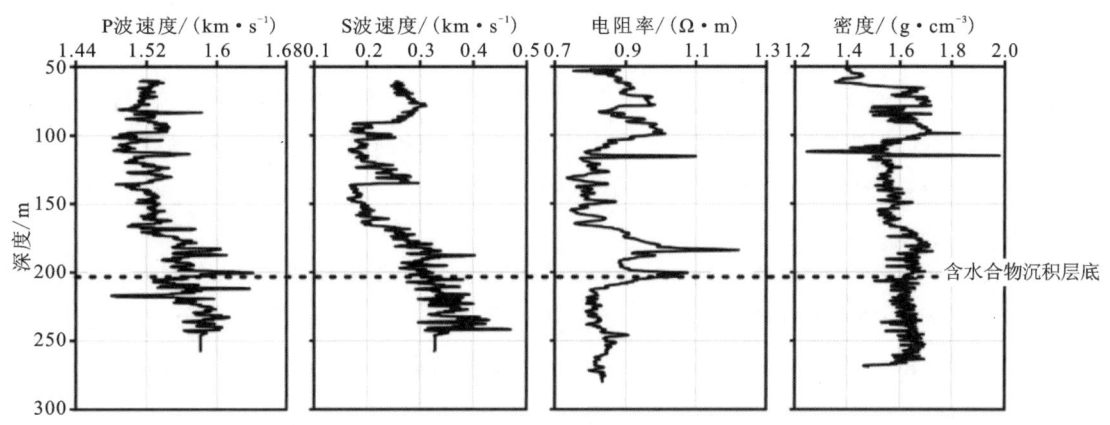

图 1-4 印度马哈纳迪盆地 NGHP-01-19 站位测井数据

地球物理技术广泛应用于水合物勘探,常用的勘探方法主要包括地震勘探、地球物理测井和海洋可控源电磁法等。其中地震勘探技术是最常用的方法,自1979年首次在地震反射剖面中发现BSR以来(Shipley et al.,1979),地震勘探技术在水合物勘探中发挥了举足轻重的作用,其优势和重要性主要表现在以下5个方面。

(1) 探测深度大,范围广,可快速高效地预测水合物远景区。地震波能够穿透数千米的海底地层,可对大面积区域进行勘查,能够快速了解较大范围内地下地质结构特征和潜在水合物分布区域,相较于其他仅局限于局部或浅部探测的方法,地震勘探能提供更宏观、更综合的地质信息,为水合物远景区的圈定和资源评价提供重要依据。

(2) 成像精度较高,能有效刻画水合物矿体。地震数据的横向和纵向分辨率可以从几米到几十米不等,可对地下结构精细成像,能够较为准确地刻画水合物矿体的形态、大小、厚度等特征及其与周围地层的关系,从而帮助地质学家更好地理解水合物的成藏模式和分布规律。

(3)多技术方法综合分析,提高水合物识别的可靠性。地震数据通常是地下构造、沉积层序、岩性和流体性质等多种因素的综合反映,具有较强的多解性,除常规地震反射剖面外,地震勘探技术还包含地震属性分析、振幅随偏移距的变化(AVO)反演、地震反演等多种技术手段,利用多种方法综合分析,可充分挖掘地震数据中的隐藏信息,有效提高水合物识别的可靠性。

(4)多参数反演,定量表征水合物储层物性参数。如前所述,水合物赋存会改变沉积物的物理性质,地震勘探技术对这些物性变化非常敏感。综合利用地震数据和测井资料,开展多参数反演,可定量表征水合物储层的孔隙度、水合物饱和度、渗透率和密度等物性参数,为水合物资源勘查与开发提供坚实的数据基础和科学依据。

(5)非侵入式勘探技术,环境友好且成本效益高。地震勘探技术作为一种地球物理勘探方法,具有非侵入性的显著优势,无需对海底进行直接钻取或破坏,极大程度地减少了对海洋生态环境的影响。与海底钻探等直接探测方法相比,地震勘探技术成本低、效率高,可用于前期的普查阶段,有效降低勘查成本,提高勘查效率。

1.3.2 天然气水合物地震响应特征

地震勘探技术利用地震波在地下介质中的传播特性,来探测地下地质结构、岩性、构造等信息,在水合物勘查中发挥了重要作用。BSR、空白带、振幅异常、速度异常、地震属性异常、流体运移通道等,都是有效识别水合物赋存区的重要标志。

1)BSR

BSR 是海底水合物的重要识别标志之一。BSR 是由水合物稳定带内高速的水合物和其下伏低速的游离气之间的强波阻抗差异而形成的强反射界面,可等同于水合物稳定带(Gas Hydrate Stability Zone,GHSZ)底部,一般分布于海底以下 100～400m,具有与海底平行、与海底反射波极性相反、强振幅、与地层斜交等特点。

BSR 广泛应用于海域水合物勘查,勘查地区包括美国布莱克海台(Coren et al.,2001;Borowski,2004)、墨西哥湾(Portnov et al.,2019,2020)、新西兰 Hikurangi 边缘(Shankar et al.,2021)、加拿大东海岸大陆边缘(Mosher,2011)、日本南海海槽(Fujii et al.,2015)、印度克里希纳-戈达瓦里盆地(Dewangan et al.,2014)、韩国郁陵盆地(Yi et al.,2011)、台西南盆地(Lin et al.,2009;Han et al.,2019)和中国南海(于兴河等,2012;杨睿等,2013;Li et al.,2015;Zhang et al.,2015;Wang et al.,2018;Qian et al.,2022)等。

然而,水合物和 BSR 并非一一对应,没有 BSR 的地区也可能存在水合物,比如,1995 年大洋钻探计划(ODP)第 146 航次在北美布莱克海台的 994、995 和 997 站位地震剖面显示(图 1-5,TWT 为双程旅行时,下同),997 和 995 站位存在强 BSR,但 994 站位没有 BSR,而海底取样和孔隙水地球化学异常均表明 994 站位发育水合物(Borowski,2004)。此外,并非所有的 BSR 都与水合物相关,比如碳酸盐岩同样具有较高的纵波速度,也可能形成与 BSR 相似的异常反射。

2)振幅异常

如前所述,虽然 BSR 是水合物的重要识别标志,但也存在有水合物而无 BSR 的情况,因

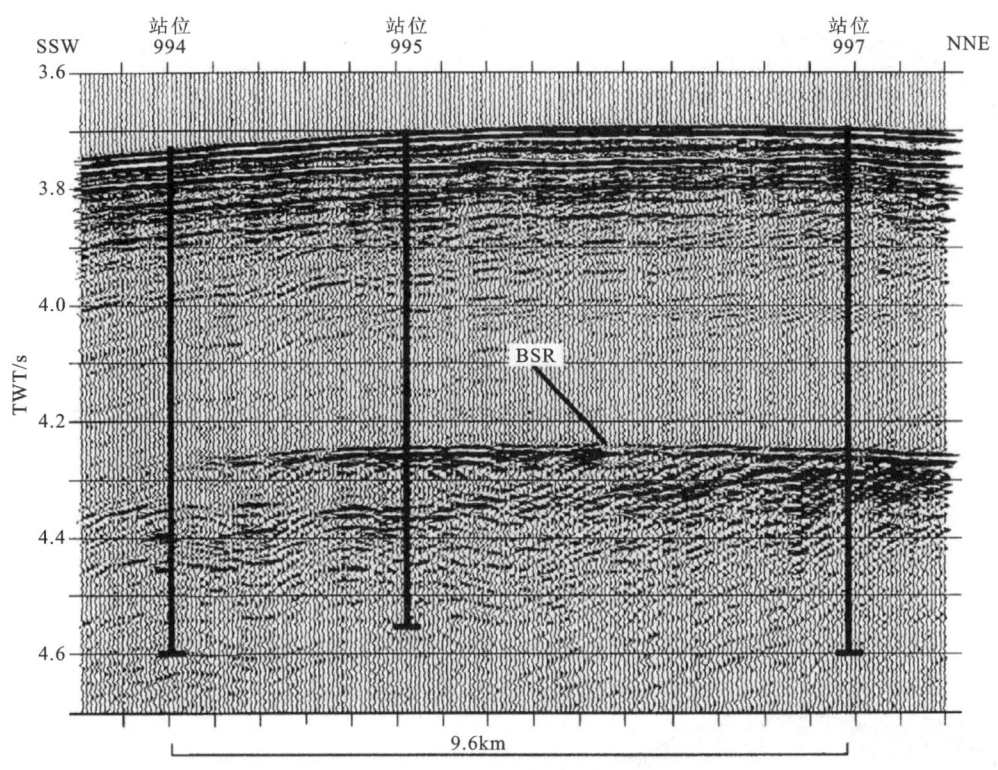

图 1-5 994、995 和 997 站位地震剖面（Borowski，2004）

此仅仅依靠 BSR 难以准确地圈定水合物分布范围，而振幅异常也是水合物地震识别的重要标志，其中包括强振幅异常和振幅空白带等。

当孔隙空间被高速水合物填充，其与上下相邻地层之间存在较大的声阻抗差异，在地震剖面中表现为强振幅异常，尤其是对于浅表层水合物，往往没有明显的 BSR，强振幅异常则是识别浅表层水合物的重要标志之一。台西南海域 2018 年 MD 214 航次期间，利用活塞取样器 CALYPSO 在两个具有不同地质特征的站位获取浅表层水合物样品。第一个站位 MD18-3542，位于南元安东海脊，水深约 1200m，取芯穿透深度在海底以下约 22m，第二个站位 MD18-3543 靠近 Good-Weather 海脊，水深约 1100m，取芯穿透深度在海底以下约 14.58m，两个站位均获得水合物样品。采用深拖系统 Edgetech DW-106 获得了 MD 18-3542 和 MD18-3543 站位附近的高分辨率浅地层剖面，由浅地层剖面观察到，MD 18-3542 站位在海底以下约 5.5m 处出现了被细粉砂沉积物覆盖的不整合面，该不整合面上下沉积物具有不同的性质，水合物主要存在于不整合面下方，表现为强反射异常（图 1-6）；MD18-3543 站位之下，声波信号相对较弱，但局部仍存在强反射（图 1-7）。弱反射可能归因于气体活动部位存在游离气，而强反射可能是由甲烷和硫酸盐之间的相互作用形成的自生碳酸盐岩，表明可能在浅部地层中存在与气体相关的麻坑构造和自生碳酸盐岩，该站位的水合物样品在麻坑构造附近获取（Huang et al.，2021）。

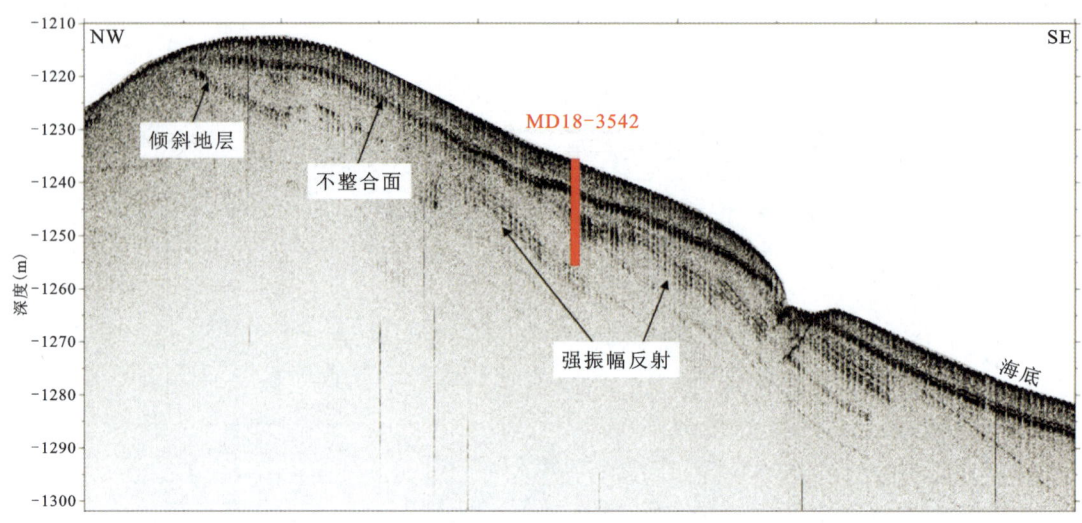

图 1-6　台西南海域过 MD 18-3542 站位高频浅地层剖面（Huang et al.，2021）

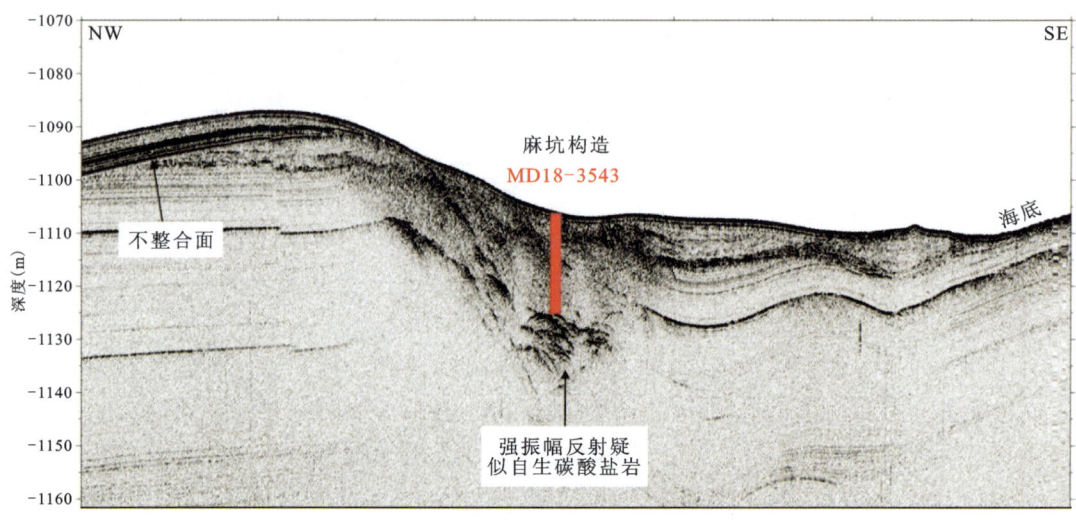

图 1-7　台西南海域过 MD 18-3543 站位高频浅地层剖面（Huang et al.，2021）

当沉积物中存在水合物时，由于水合物与沉积物均匀混合，在地震剖面中表现为一个连续的振幅减弱的区域或条带，这个区域通常被称为振幅空白带。振幅空白带有 2 种表现形式，一种是与 BSR 同时出现，一般分布在 BSR 上部（Dewangan et al.，2014）；另一种是柱状空白带，是由于块状水合物的存在而形成的垂直的振幅减弱带，内部存在局部"上拉"反射，一般是浅表层水合物的识别标志，已在多个研究区发现与柱状空白带相关的浅表层水合物（Lüdmann and Wong，2003；Chun et al.，2011），其中以韩国郁陵盆地最为典型。钻探结果证实，郁陵盆地近海底存在大量的浅表层水合物，通常以脉状、结核状和块状等形式充填于裂缝中，而在地震剖面中表现为柱状空白带[图 1-8（a）]，内部呈"上拉"反射特征，层速度剖面显示空白带内部为高速异常[图 1-8（b）]，标志着水合物的存在，而"上拉"反射是由高速水合物使地震反射时间减少而导致的图像失真。

1 引 言

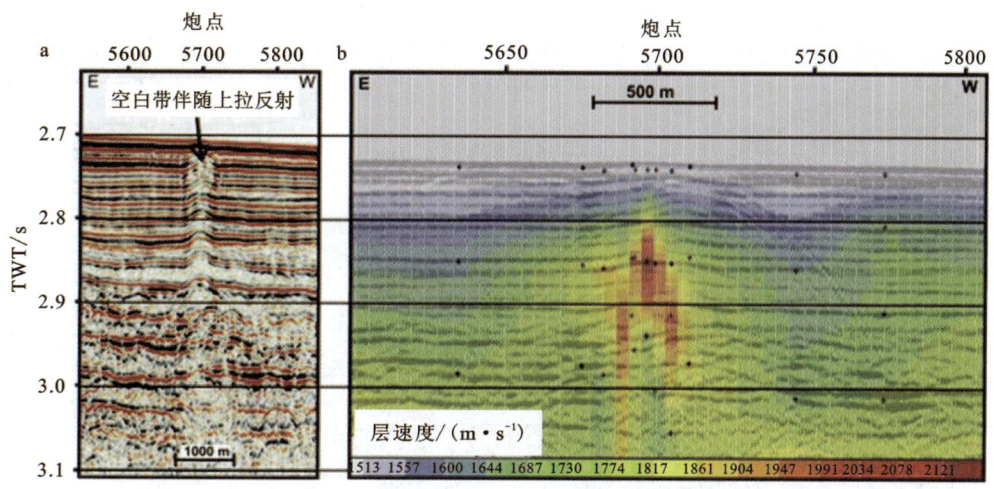

图 1-8 韩国郁陵盆地过水合物取样站位地震剖面(a)和层速度剖面(b)(Ryu et al., 2009)

3) 速度异常

海底沉积物的地震纵波速度为 1500~1750m/s,而当沉积物中富含天然气水合物,地层纵波速度可增至 1800~2600m/s,当水合物下伏地层中存在游离气时,纵波速度会骤减至 200~500m/s(图 1-9),因此速度异常在定性识别水合物的空间分布中发挥了重要的作用。图 1-10 为孟加拉湾北部含水合物沉积层地震剖面和 CDP(Common Depth Point,共深度点)道集速度分析曲线,地震剖面中存在明显的强振幅反射 BSR,由速度分析剖面可见明显的速度反转特

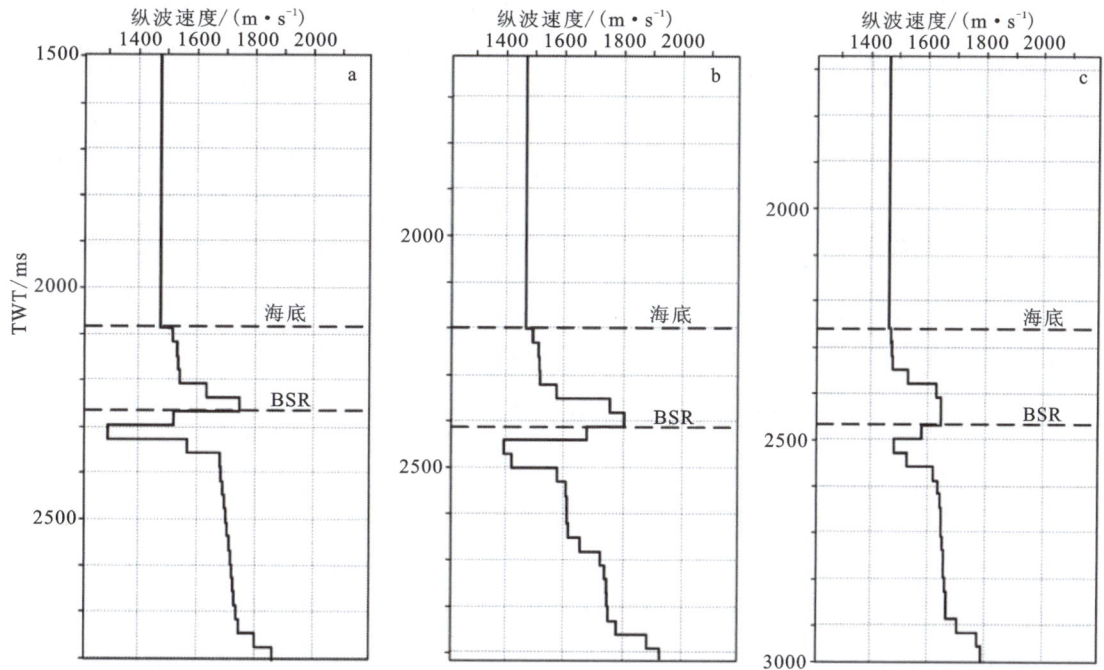

图 1-9 含水合物沉积层层速度异常(沙志彬,2019)

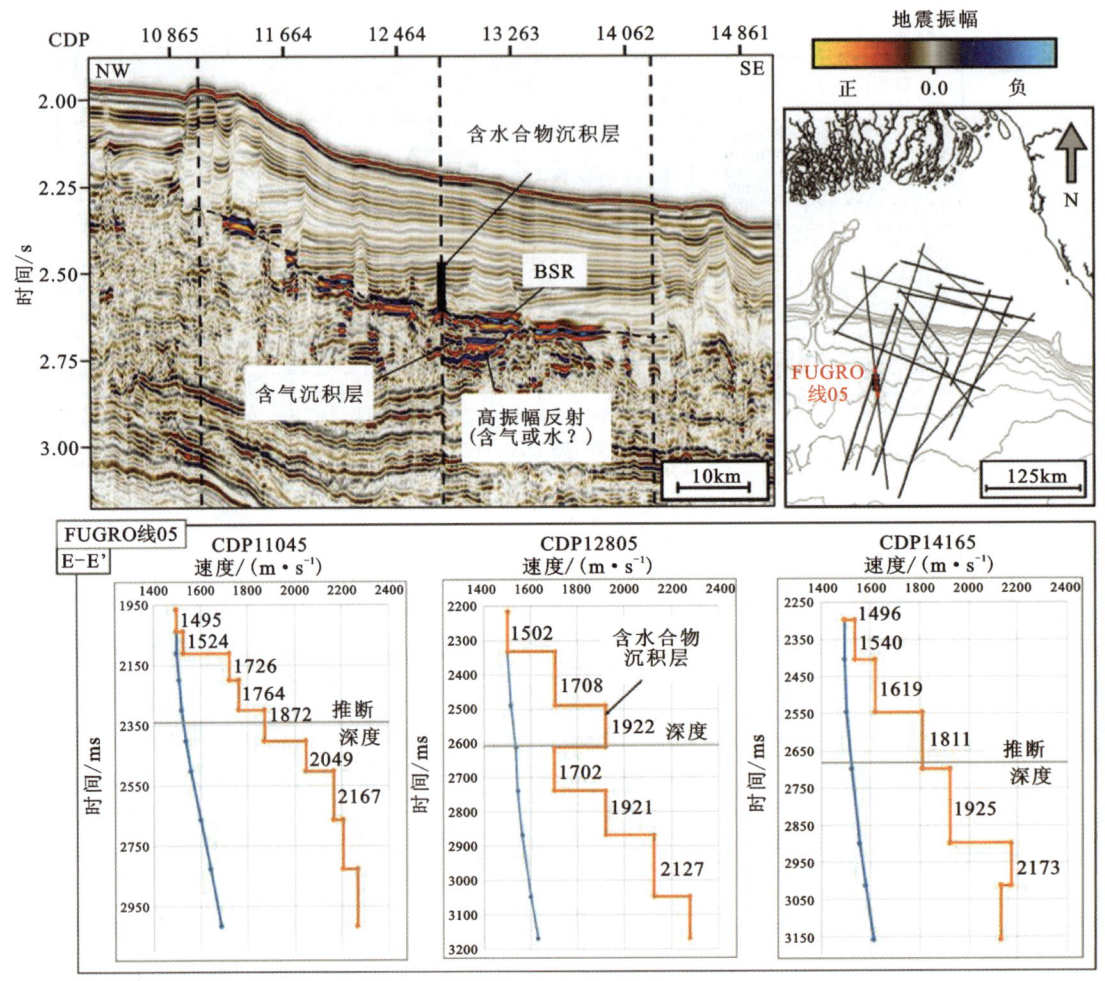

图 1-10　孟加拉湾北部含水合物沉积层地震剖面和 CDP 速度曲线

征，BSR 区域以外的沉积层平均层速度为 1600~1870m/s，而 BSR 上方异常层速度较高，达到 1920~1940m/s，而 BSR 下方层速度由 1900m/s 降至 1700m/s，这种速度反转特征通常与 BSR 相关联。速度反转异常以及高振幅、负极性 BSR 的存在，共同解释了水合物和游离气的分布范围。位于 BSR 以外的速度分析曲线则不存在明显的速度反转特征，表明该区域可能无水合物赋存。

4）地震属性异常

地震属性是指从地震数据中导出的关于几何学、运动学、动力学及统计特性的特殊度量，可以充分挖掘地震数据中的隐藏信息，是获得储层参数的重要途径。在众多的地震属性中，对水合物敏感的属性直接用于水合物的识别，利用地震属性进行综合分析，可提高水合物识别的可靠性。常用的地震属性包括地震信号的瞬时属性、衰减属性、AVO 属性和弹性参数属性等。瞬时属性分析可以通过分解叠后地震数据，分别形成瞬时振幅、瞬时频率和瞬时相位等瞬时剖面,提供更简洁更直观的地震信息,从不同角度分析地层流体的特征,其中,瞬时振幅属性对 BSR 和振幅异常响应比较敏感,瞬时频率对游离气有较明显的响应,而瞬时相位属性剖面可明显看出 BSR 与地层斜交的特征。水合物和游离气的存在会导致纵横波频率的衰减,衰减属性可以更直观地反映出衰减特性,常用的衰减属性包括品质因子、高频衰减、低频增加和衰减百分比等。AVO 属性能够充分挖掘叠前地震资料所蕴含的振幅随入射角的变化信息,在研究地层物性方面有着极大的作用,包括截距属性、梯度属性、截距×梯度和流体因子等。地震弹性参数是描述岩石特征的重要参数,能够真实地反映地层岩性的变化,从而较直观、可靠地预测储层。弹性参数主要包括纵波速度、横波速度、纵波阻抗、横波阻抗、密度、弹性模量(如杨氏模量、剪切模量、体积模量)和 Lamé 常数(λ、μ、ρ)等。弹性参数属性能够间接反映储层的岩性和含油气性,在水合物勘查中起着至关重要的作用。以韩国郁陵盆地为例,由于水合物在物理固结过程中取代了孔隙空间中的流体(如盐水),使松散沉积物固化而引起速度增加,因此与周围沉积物相比,含水合物沉积层表现出高纵波阻抗、高横波阻抗、高弹性阻抗、低纵横波速度比、高 $\lambda\rho$ 和高 $\mu\rho$ 等特征,而含游离气的沉积物表现为低纵波阻抗、低横波阻抗、低弹性阻抗、高纵横波速度比、低 $\lambda\rho$ 和低 $\mu\rho$ 等特征,是由于物理性质从类似晶体的固体转变为气体后速度下降所致(图 1-11~图 1-13)(Jeong et al.,2014)。

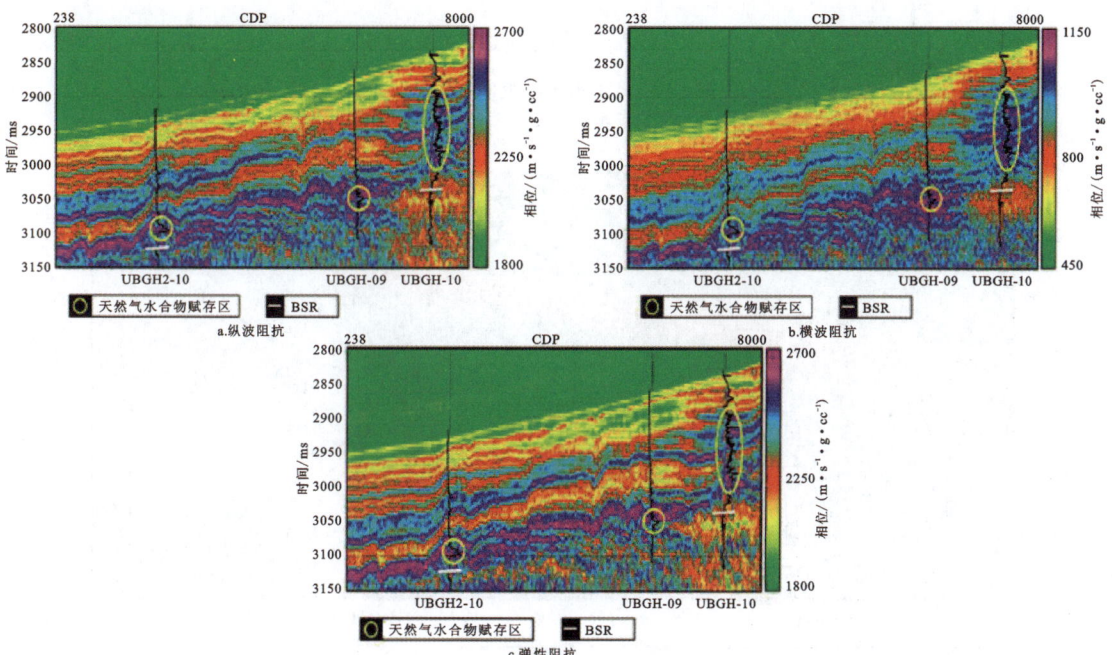

图 1-11　郁陵盆地弹性参数反演剖面与纵波波速度测井曲线叠合图(Jeong et al.,2014)

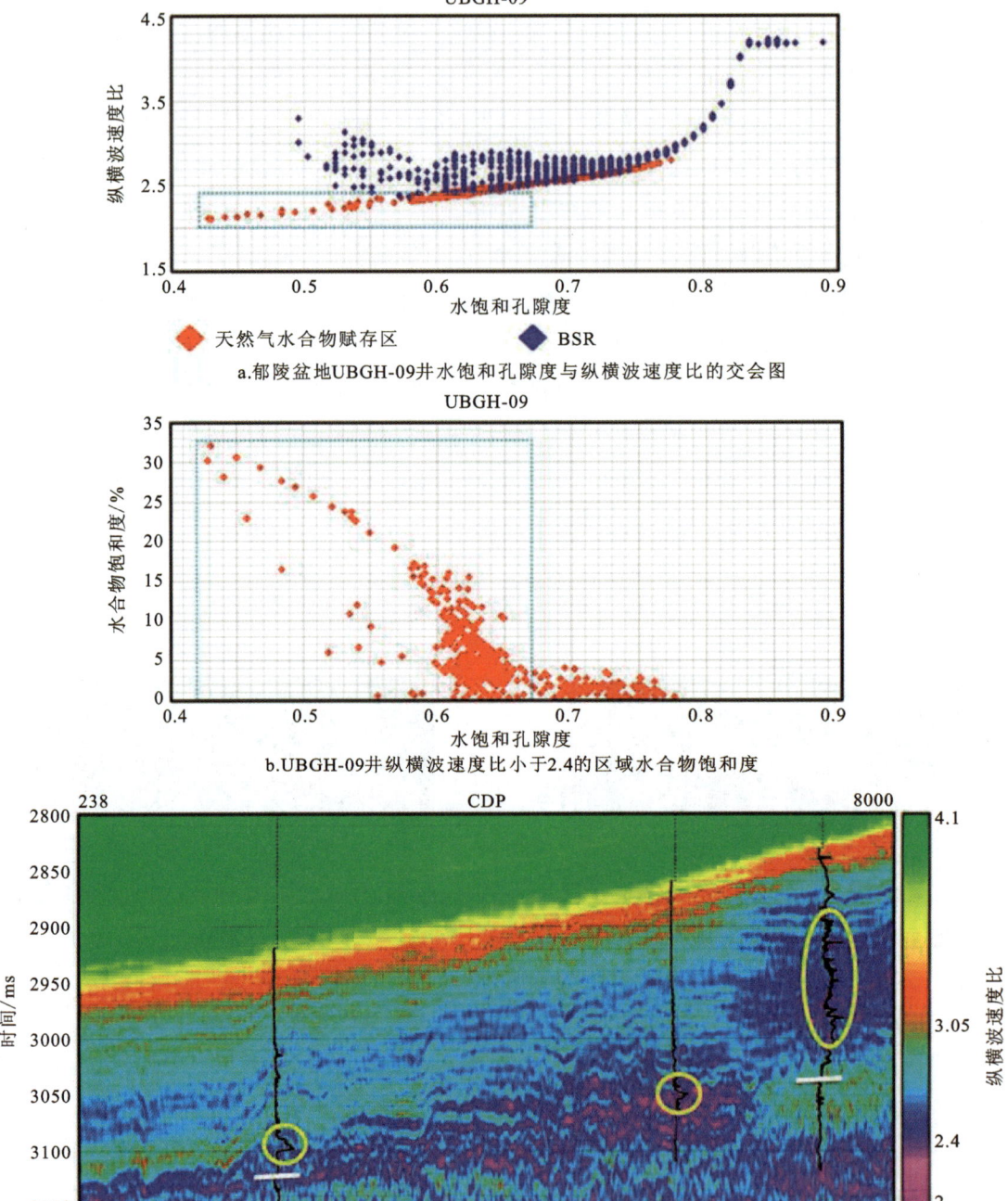

图 1-12　郁陵盆地纵横波速度比(Jeong et al.，2014)

1 引 言

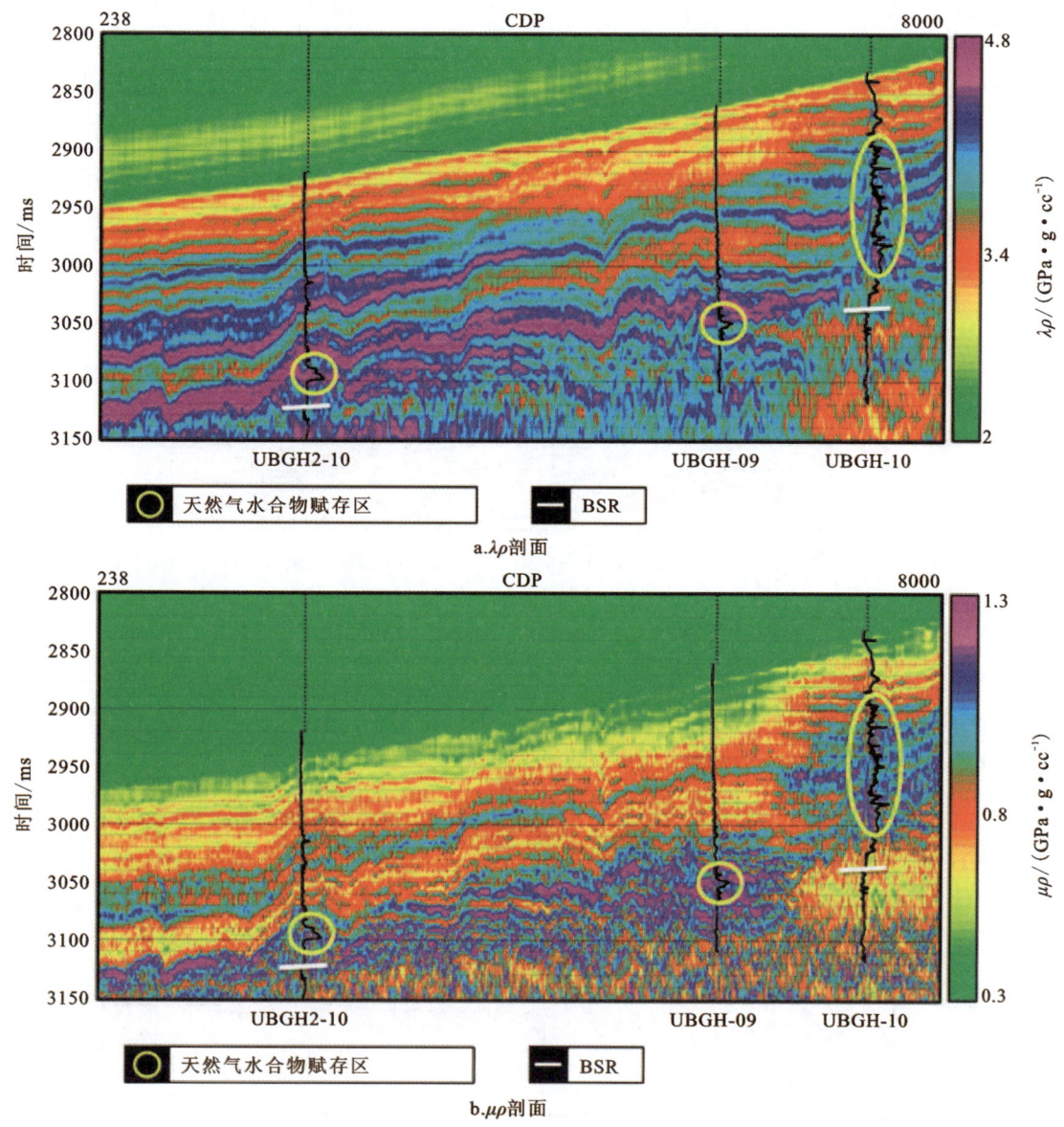

图 1-13 郁陵盆地弹性参数剖面(Jeong et al.，2014)

5) 流体运移通道

海底浅表层水合物的赋存与海底气体渗漏具有密切的关系，高通量甲烷以游离态渗漏方式沿断层或裂隙向浅部地层运移，当甲烷到达水合物稳定带时，会在气烟囱顶部和翼部形成浅表层水合物，当气体渗漏到海底可形成泥火山、麻坑、丘状体等地貌标志，因此，气烟囱和泥火山、麻坑、丘状体等微地貌是天然气水合物发育区常见的地质现象，是浅表层水合物赋存的重要标志。韩国郁陵盆地、墨西哥湾、鄂霍次克海、黑海、中国南海等地区均钻探发现与气体渗漏相关的浅表层水合物。

在地震剖面中,由于气烟囱内部存在大量的气体导致速度异常,与围岩具有明显的反射特征差异,整体形态呈直立状或近直立状,内部通常表现为杂乱、模糊和空白等反射特征。当沉积物中含有气体时,会降低地震纵波速度,而当沉积物中赋存水合物等高速体时,则会出现"下拉"反射特征,因此气烟囱附近或内部常发育"下拉"或"上拉"反射。气体沿运移通道到达海底时,可能在海底会形成麻坑或丘状体等微地貌,因此气烟囱常与麻坑或丘状体成对出现(图1-14、图1-15,GDF表示冰川泥石流)。图1-15显示的是挪威大陆边缘Storegga滑坡的麻

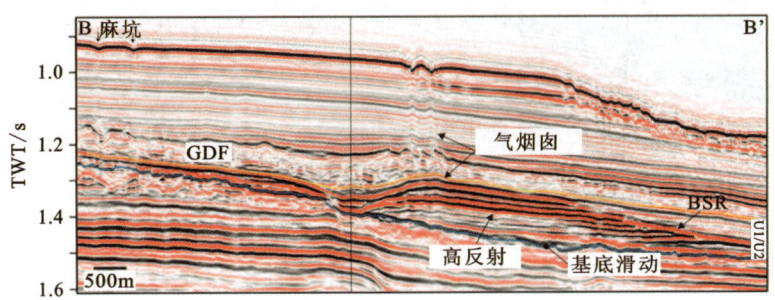

图1-14 挪威中部近海Nyegga麻坑和气烟囱三维地震剖面(Hustoft et al.,2010)

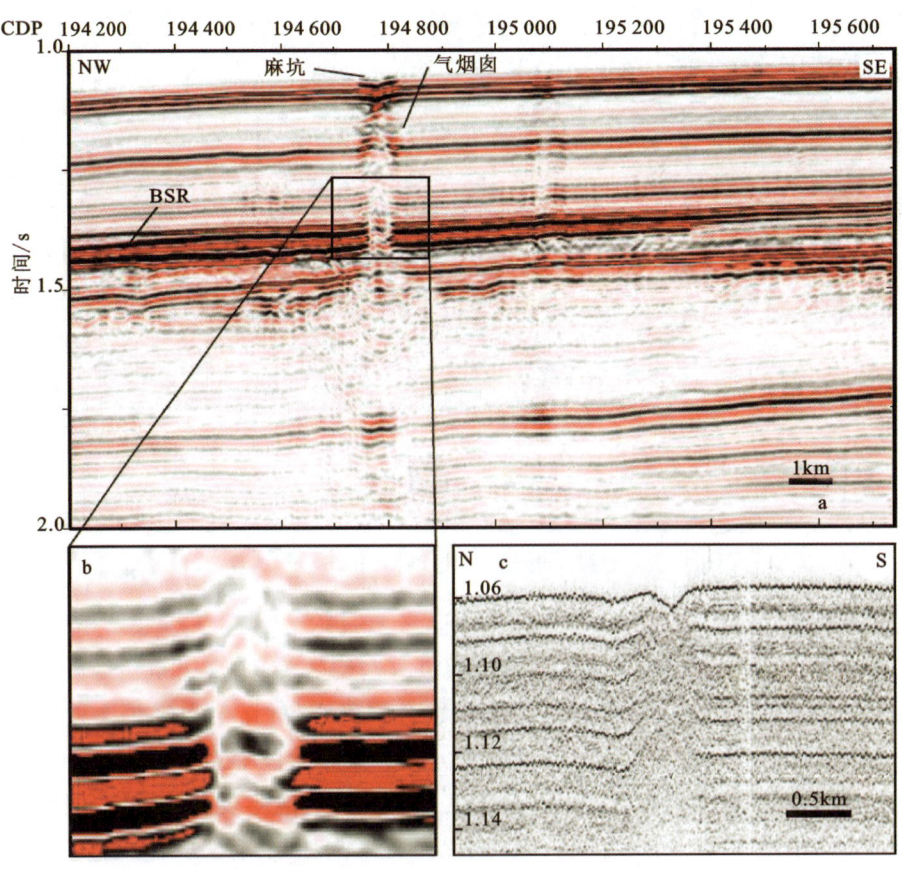

图1-15 挪威大陆边缘Storegga滑坡气烟囱和麻坑(Paull et al.,2008)

坑和气烟囱多道地震剖面,气烟囱内部存在明显的速度"上拉"反射(图1-15b),气烟囱两侧发育BSR反射,麻坑发育于气烟囱顶部,图1-15c为麻坑在3.5kHz的水声剖面,麻坑直径约为200m宽,深度约为8m。

韩国郁陵盆地发育典型的浅表层水合物,与气烟囱密切相关(Yoo et al.,2013)。根据韩国国家天然气水合物计划,郁陵盆地分别于2007年和2010年进行了两次钻井勘探(UBGH和UBGH2),两次钻探均在气烟囱内部获得水合物样品。郁陵盆地发育大量的气烟囱,气烟囱大多数分布于以浊积/半深海沉积物为主的盆地北部平原,表现为"上拉"和空白反射,局部存在强振幅"亮点"反射(图1-16,MTD表示块体搬运沉积体系,THS表示浊流-半深海沉积,下同)。测井数据揭示气烟囱内部纵波速度比围岩高很多,通常为1700~1850m/s,局部大于2500m/s(图1-17、图1-18),气烟囱内部的"上拉"反射特征主要由于其内部速度高于围岩而形成反射变形。这种类型的浅表层水合物赋存于向上生长的气烟囱内部,呈块状、结核状和裂隙充填型(图1-19)。

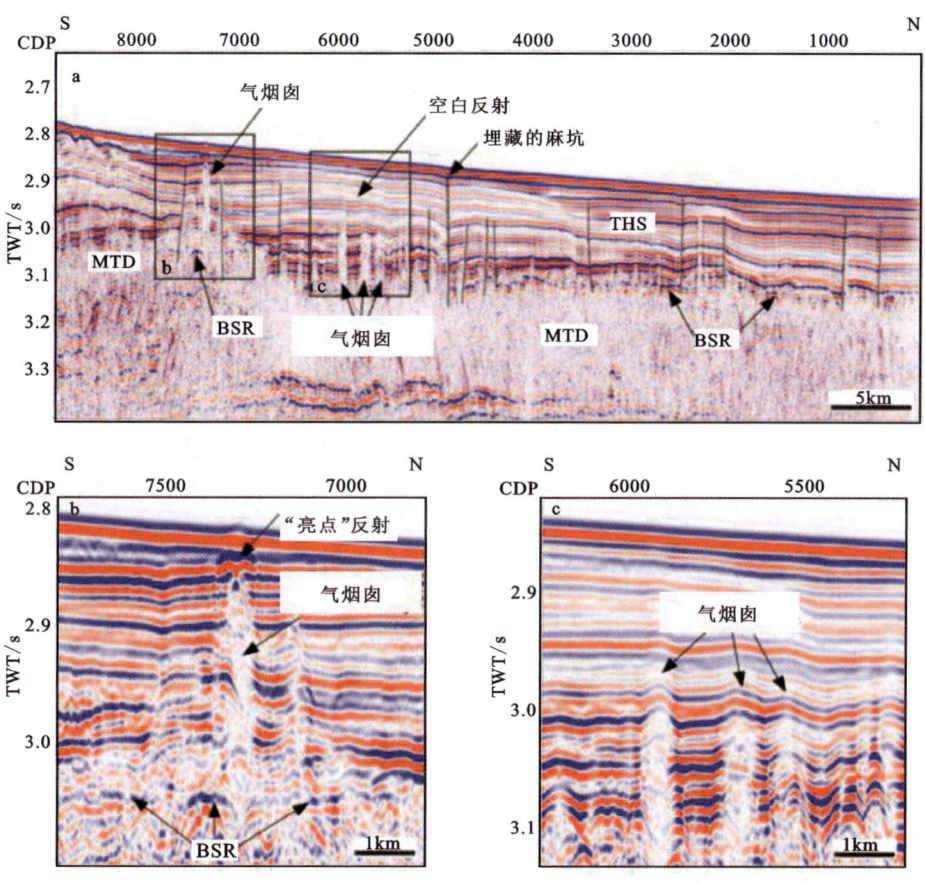

图1-16 韩国郁陵盆地气烟囱地震反射剖面(Yoo et al.,2013)

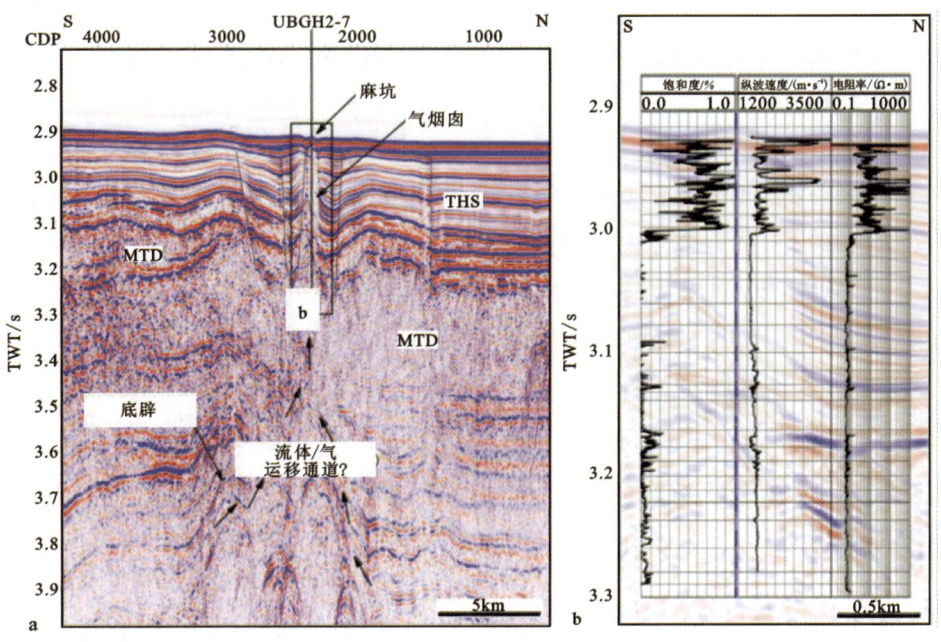

图 1-17 韩国郁陵盆地 UBGH2-7 站位地震剖面(a)和测井数据(b)(Yoo et al.，2013)

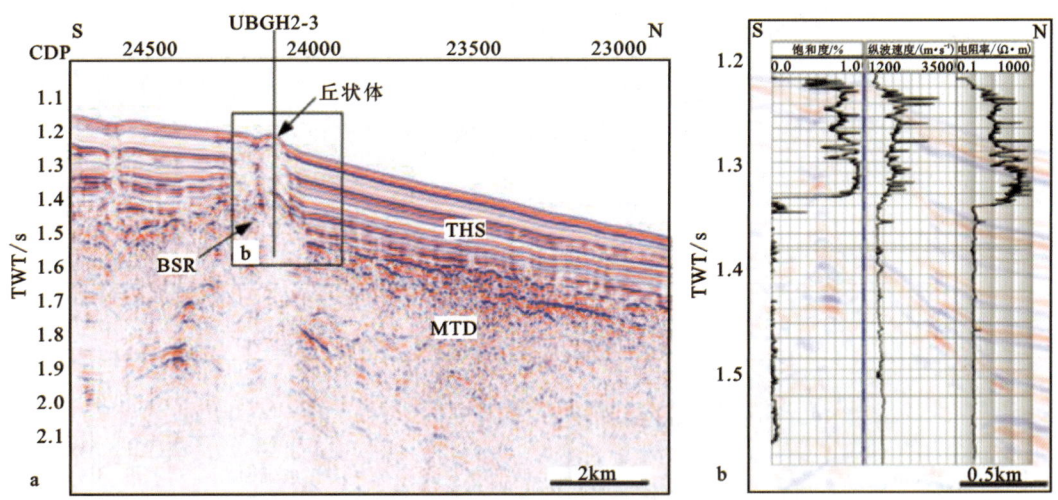

图 1-18 韩国郁陵盆地 UBGH2-3 站位地震剖面(a)和测井数据(b)(Yoo et al.，2013)

1.3.3　常规地震勘探技术在水合物勘查中的局限性

常规地震勘探技术虽广泛应用于天然气水合物勘查，但其在分辨率与浅层探测能力方面的局限性显著制约了勘查精度，具体表现在以下 2 个方面。

（1）地震分辨率不足。常规地震勘探多采用气枪震源，其主频范围一般在数赫兹至数十赫兹，理论垂向分辨率仅有数十米，而当水合物以薄层或分散状赋存于浅层沉积物时，常规地震勘探难以精细刻画其厚度、内部结构以及游离气互层等细节特征。此外，常规地震勘探拖

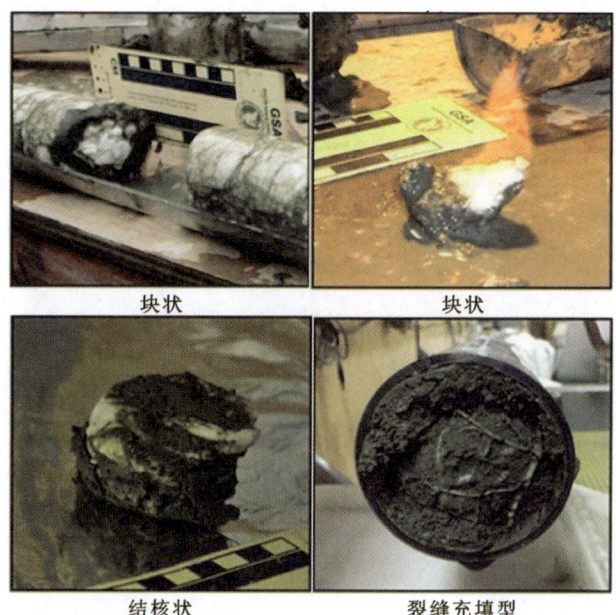

图 1-19　韩国郁陵盆地 UBGH2-7 站位浅表层水合物样品（Yoo et al.，2013）

缆间隔大、排列长，难以满足精细刻画水合物矿体的需求，导致勘探结果和资源评价存在误差。

（2）浅层探测能力有限。气枪震源能量大、频率低，地震波能够穿透较深的海底地层，但无法达到海底浅层高精度地震勘探的要求。而水合物多赋存于海底以下 1000 m 以内的浅部地层中，常规地震勘探无法对这一深度范围内的地层进行精细探测。

地震勘探的分辨率是水合物精细勘查的关键参数，而高分辨率技术的突破对水合物薄层识别、精细矿体刻画及资源评价至关重要。

2 高分辨率地震勘查技术

2.1 高分辨率地震勘查技术的理论基础

2.1.1 地震分辨率的概念

地震分辨率是地震勘查中的一个重要概念,是指地震记录能够反映地质体的最小尺寸,包括纵向分辨率和横向分辨率,分别代表了地震勘查在垂直方向和水平方向上的分辨能力。

1)纵向分辨率(Vertical Resolution)

纵向分辨率,也被称为垂直分辨率,是指地震勘查沿地层垂直方向能够分辨的最小地层厚度或地质体间隔,是衡量地震勘查技术对地下薄层识别能力的关键参数,它表示的是能够分辨出薄层顶底反射的能力。一般来说,纵向分辨率受地震子波延续长度的影响,子波延续长度越小(即子波越尖锐),纵向分辨率越高。具体来说,当两个相邻地层的反射波在时间上不发生重叠时,这两个地层就能被分辨出来。

在地震勘查中,通常认为最大的纵向分辨率约为地震波波长的1/4。这意味着,当地层厚度小于地震波波长的1/4时,地震勘查可能无法准确分辨出地层的顶底界面。

2)横向分辨率(Horizontal Resolution)

横向分辨率,也被称为水平分辨率或空间分辨率,是指地震记录沿水平方向能够分辨的最小地质体的宽度,它表示的是地震勘查在水平方向上分辨小断块、小砂体和储层边界的能力。横向分辨率受到多种因素的影响,包括地震波的频率、传播介质的性质、观测系统的几何参数等。

一般来说,地震波的频率越高,横向分辨率越好。因为高频地震波具有更短的波长,能够更精确地反映地下地质体的细微变化。此外,观测系统的几何参数(如炮检距、接收点间距等)也会对横向分辨率产生影响。通过优化观测系统的参数,可以进一步提高地震勘查的横向分辨率。

2.1.2 地震分辨率的影响因素

地震分辨率受多种因素的影响,主要包括震源子波、地质体埋藏深度、信噪比,以及观测系统参数等,具体如下。

1)震源子波

（1）子波延续时间长度：子波延续时间越短，分辨率越高，因为短延续时间的子波能更好地反映地层的细微变化。

（2）子波的频带宽度：频带宽度越宽，意味着地震波包含的频率成分越丰富，能够更精确地反映地下地质体的特征，从而提高分辨率。

（3）子波的频率（主频、中心频率）：频率越高，地震波的波长越短，对地下小尺度的地质体变化更为敏感，因此分辨率也越高。

（4）子波的波形（最大/最小/零相位）：波形特性会影响地震波的反射和透射特性，进而影响分辨率。零相位子波通常具有最高的分辨率。

2)地质体埋藏深度

地质体埋藏深度越深，地震波在传播过程中受到的吸收、散射等衰减作用越明显，导致信号减弱，分辨率降低。

3)信噪比

信噪比是信号与噪声的比值。高信噪比意味着地震记录中的有效信号更为突出，噪声干扰较小，从而提高分辨率。信噪比受多种因素影响，包括观测系统的布置、环境噪声水平和数据处理方法等。

4)观测系统参数

炮检距：炮检距是指震源点到接收点之间的距离。炮检距过大会导致地震波传播路径复杂化，影响分辨率。适当减小炮检距可以提高分辨率。

接收点间距：接收点间距越小，接收到的地震波信息越丰富，有利于提高分辨率。但过小的接收点间距会增加数据处理的复杂性和成本。

5)地下岩石的弹性性质

地下岩石的弹性性质（如速度、密度等）会影响地震波的传播速度和波形，进而影响分辨率。不同性质的岩石对地震波的响应不同，因此需要通过地质调查和测井资料等手段了解地下岩石的弹性性质，以提高分辨率。

在上述地震分辨率的影响因素中，震源主频是最主要的影响因素，在地震勘查中，选择合适的主频对提高分辨率至关重要，高频地震波虽然能够提供更高的分辨率，但也会受到传播介质衰减和噪声干扰等因素的影响，导致信号减弱和信噪比降低。因此，在实际应用中需要根据勘探目标和地质条件等因素综合考虑，选择合适的主频。

2.2 电火花震源高分辨率地震勘查技术

2.2.1 电火花震源的特点

电火花震源利用电容器储存大量的能量，并在极短的时间内通过专用的放电电极瞬间放电,形成强大的电脉冲,导致周围的海水迅速电离,生成高温等离子区,海水迅速汽化,形成高温高压气团。随后,气团在高压驱动下膨胀,形成气泡,并向外辐射压力波,从而形成地震波。因此,电火花震源是一种非炸药地震勘查震源,其特点主要包括以下4个方面。

1) 安全性与环保性高

电火花震源不使用炸药,因此在操作过程中不会存在爆炸性危险,对人员和环境的安全性更高。同时,其操作过程对环境的影响小,符合现代绿色环保的勘探理念。

2) 地震分辨率高

电火花震源具有较高的主频,一般可达数百赫兹至上千赫兹,具有较高的浅层分辨率,大容量的电火花震源可以在保证较大地层穿透深度的同时提高勘探分辨率,能够实现在海水深度大于1000m的海域穿透超过1000m厚的地层,且垂向分辨率达到1~3m(骆迪等,2019),对于聚焦浅层分辨率的水合物勘探而言更具优势。

3) 施工灵活,适用范围广

电火花震源体积较小,施工灵活,适合陆地和海域中复杂的地形条件,可根据具体勘探需求进行调整,适用范围广,并且激发间隔可以根据实际需要进行调整,既适合走航式探测也适合定点放炮应用,提高了勘探的灵活性和效率。

4) 成本低

与炸药震源相比,电火花震源在设备购置、维护和使用成本方面相对较低,经济实惠。

2.2.2 电火花震源与气枪震源对比分析

为了深入地评估电火花震源与气枪震源在地震勘查中的差异,我们对同一条测线进行了不同采集方式的对比实验,分别从频谱分析、激发能量、噪声和虚反射等方面综合分析了电火花震源的优缺点。

1) 子波频谱对比分析

从子波频谱分析图(图2-1、图2-2,T_NUM为炮号,下同)可以看出,电火花震源主频高、频带宽,而气枪震源主频相对较低,频带相对较窄,二者频率差异较大。气枪震源资料的频带分布在25~150Hz,电火花震源资料频带分布在60~400Hz。从低通滤波扫描(图2-3、图2-4)和高通滤波扫描(图2-5、图2-6)对比来看,电火花震源资料主要能量分布在90~400Hz,气枪震源资料主要能量分布在20~120Hz。

电火花震源资料信噪比低,频谱受噪声影响大,叠加后资料信噪比显著提高,频谱更为合理,能反映地震反射波的真实频带分布。

2) 激发能量对比分析

通过定量分析评价两类震源的能量差异。图2-7是气枪震源及电火花震源的单炮及对应时窗内的均方根振幅值。气枪震源背景噪声的均方根振幅是0.0018,接收到有效信号后的均方根振幅是0.426,而电火花震源的背景噪声是0.122,接收到有效信号后的均方根振幅是0.498,由接收到有效信号前后的能量变化强度计算,气枪震源的能量约为电火花震源的59倍。

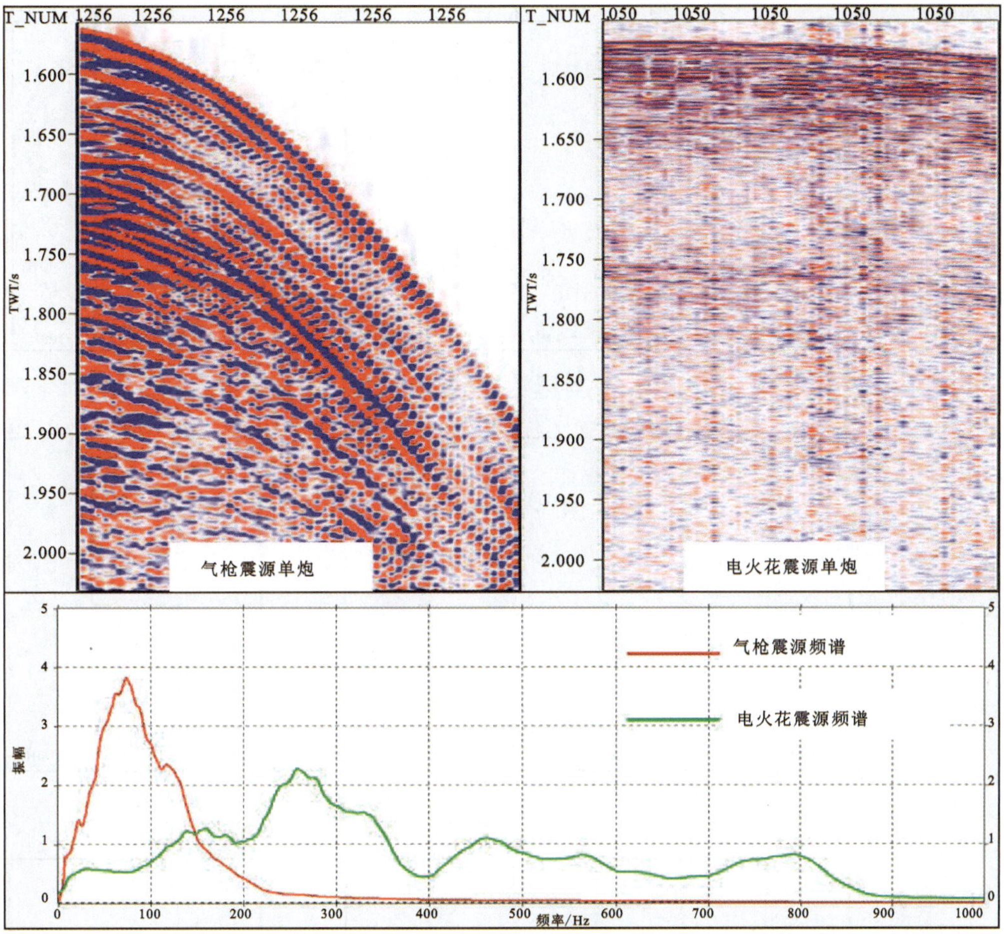

图 2-1　气枪震源与电火花震源单炮及对应频谱

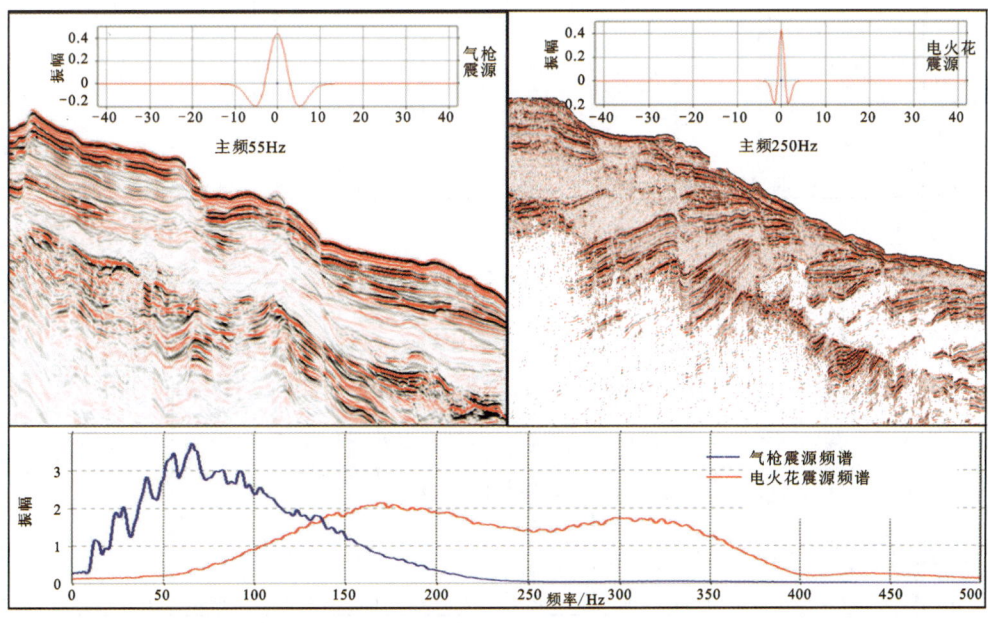

图 2-2　气枪震源与电火花震源叠加及对应频谱(Luo et al.，2017)

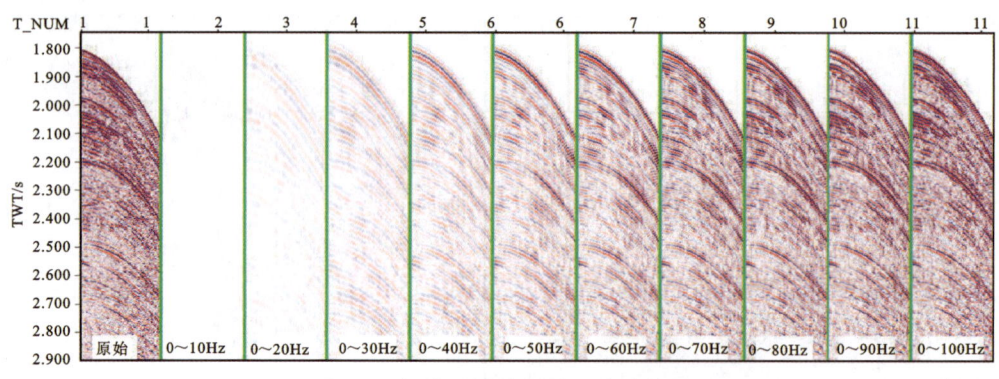

图 2-3　气枪震源单炮低通滤波扫描

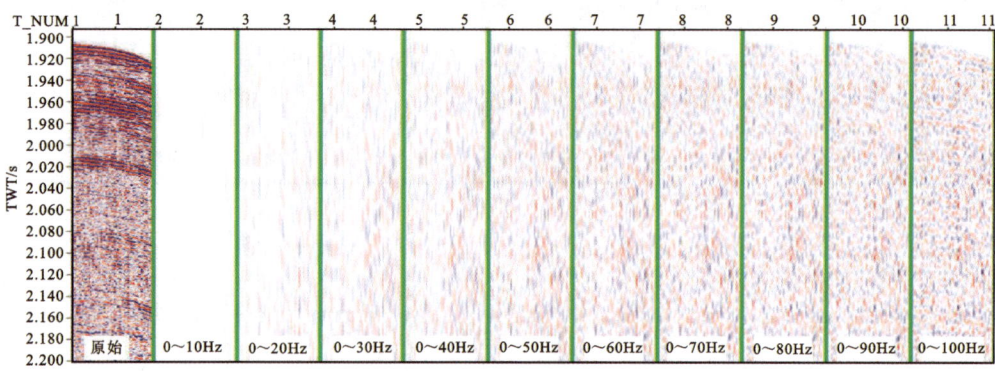

图 2-4　电火花震源单炮低通滤波扫描

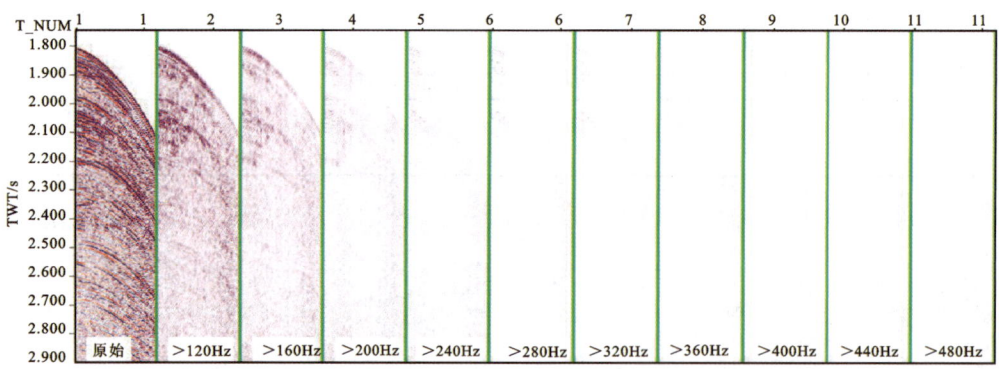

图 2-5　气枪震源单炮高通滤波扫描

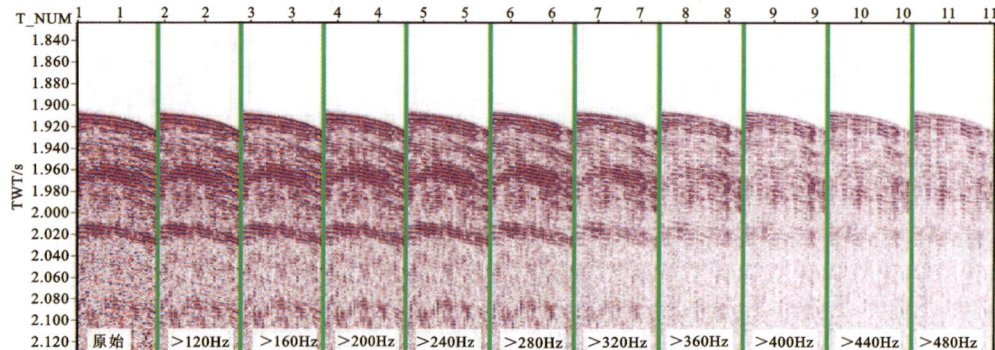

图 2-6　电火花震源单炮高通滤波扫描

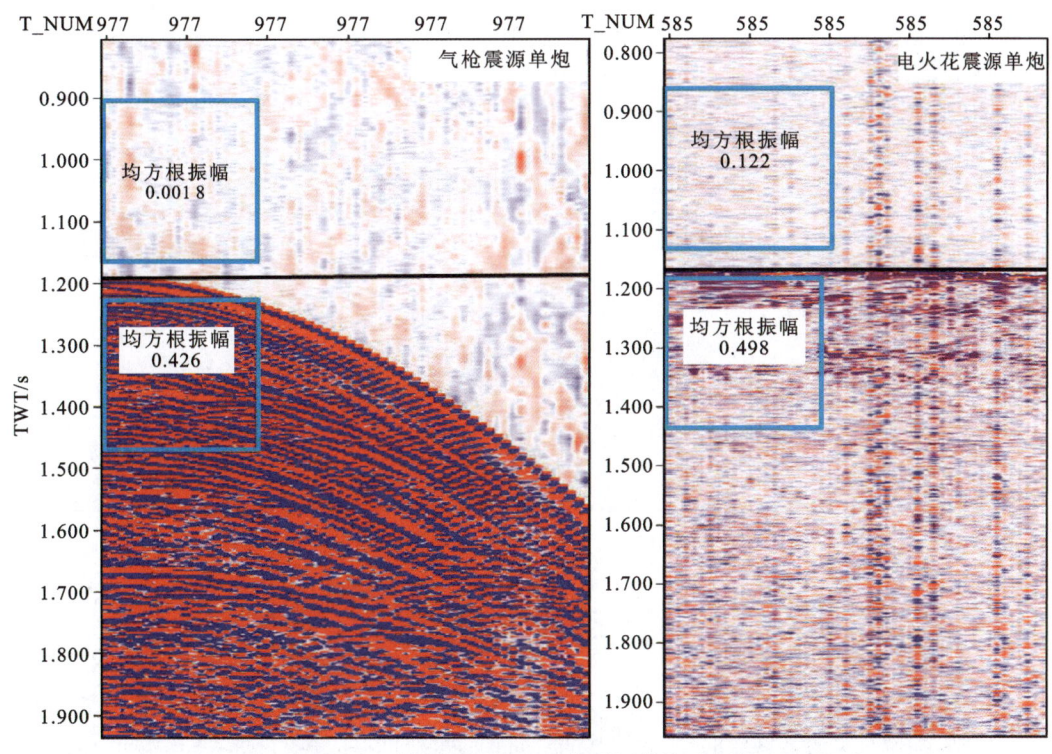

图 2-7 气枪震源与电火花震源单炮及振幅

3) 噪声特点分析

由原始资料来看,气枪震源资料的噪声小、信噪比高,局部存在大船干扰、低频干扰和少量异常振幅干扰(图 2-8),初叠加剖面中浅海段可见异常噪声(图 2-9,CMP 为 Common Middle Point,指共中心点道集)。而电火花震源噪声相对复杂,单炮记录上线性噪声能量强,部分噪声能量超过有效反射信号能量,且背景噪声能量强,资料信噪比较低(图 2-10)。从初叠加剖面看,电火花震源资料普遍发育强能量的线性噪声,局部有强能量的有源噪声(图 2-11)。

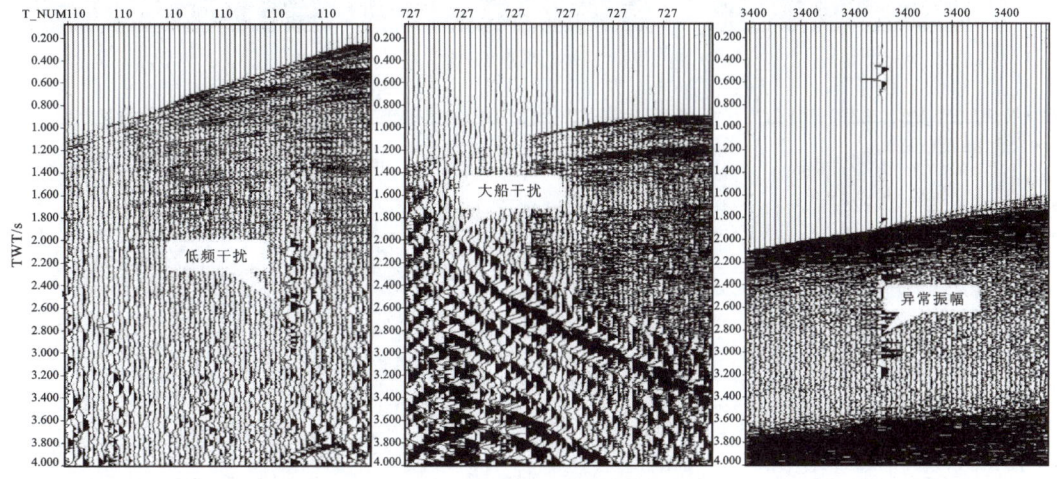

图 2-8 气枪震源噪声单炮

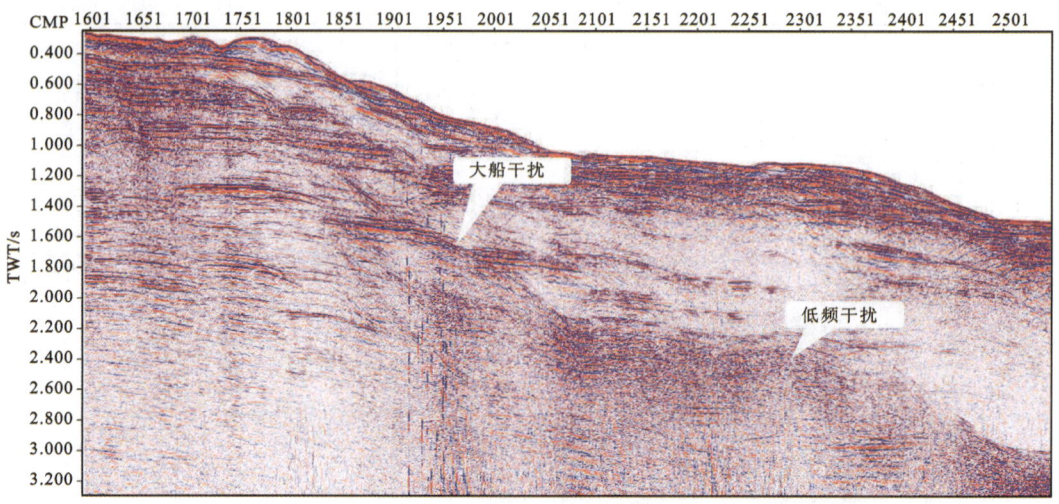

图 2-9　气枪震源初叠加剖面

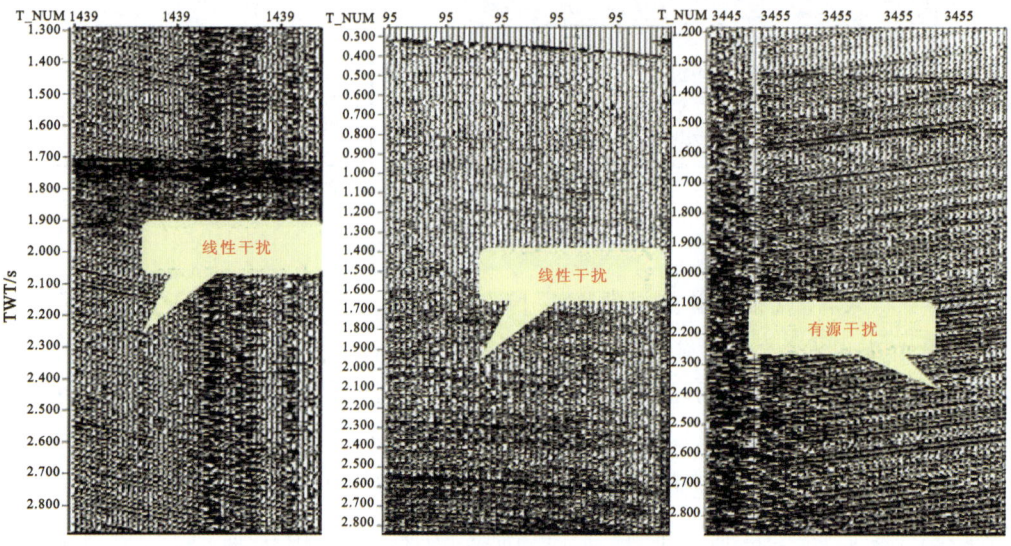

图 2-10　电火花震源噪声单炮

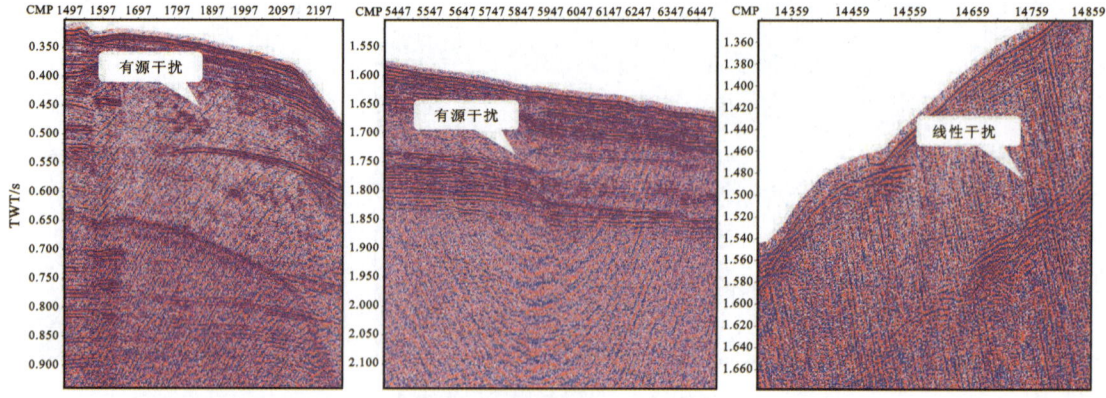

图 2-11　电火花震源初叠加剖面

电火花资料中的宽频线性干扰在 F-K（频率-波数）谱中呈明显假频（图 2-12，E_NUM 为道号，下同），噪声压制难度大。电火花震源资料发育多次波（图 2-13，SRME 为自由表面多次波消除法），由于频率高、信噪比低，加大了多次波的预测难度。因此如何做好叠前去噪、提高资料信噪比，是电火花震源资料处理的关键。

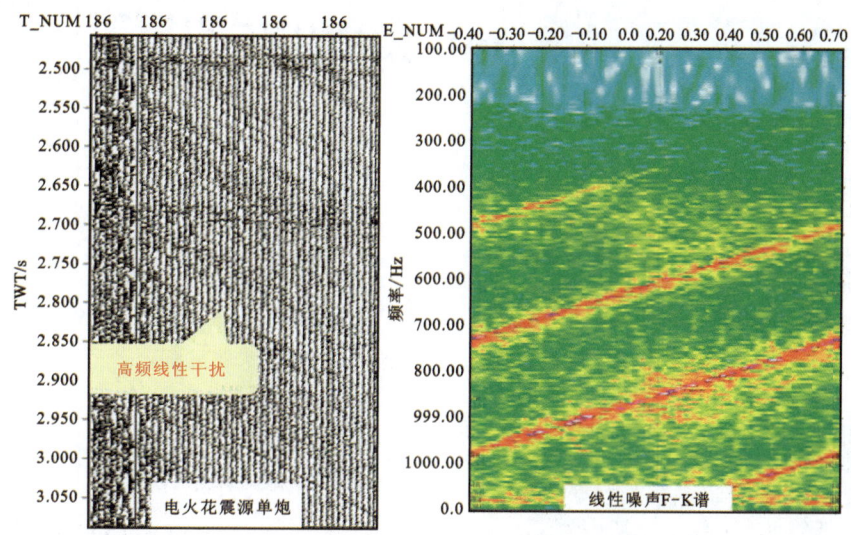

图 2-12 电火花震源单炮及其 F-K 谱

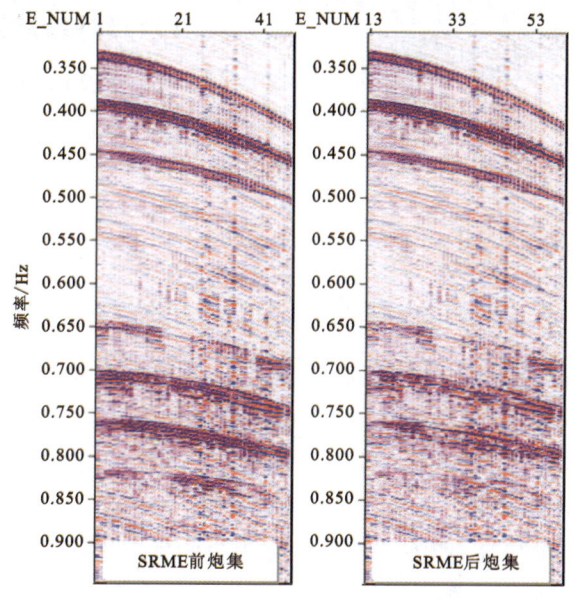

图 2-13 电火花震源浅水区资料 SRME 去多次效果

4）虚反射分析

对两种震源波形随电缆深度的变化特征进行了正演模拟，电火花震源和气枪震源分别采用主频为 250Hz 和 50Hz 的子波。正演模型设计为电缆深度从 0~20m 线性变化的自激自收剖面。主频较高的子波（250Hz）在缆深 2m 时一次波与虚反射波形分开，随着缆深变大，虚反射在剖面上呈多次波特点（图 2-14）。主频较低的子波（50Hz）在 8m 缆深时一次波与虚反射波分开,在缆深小于8m时虚反射与一次波重叠在一起(图2-15)。

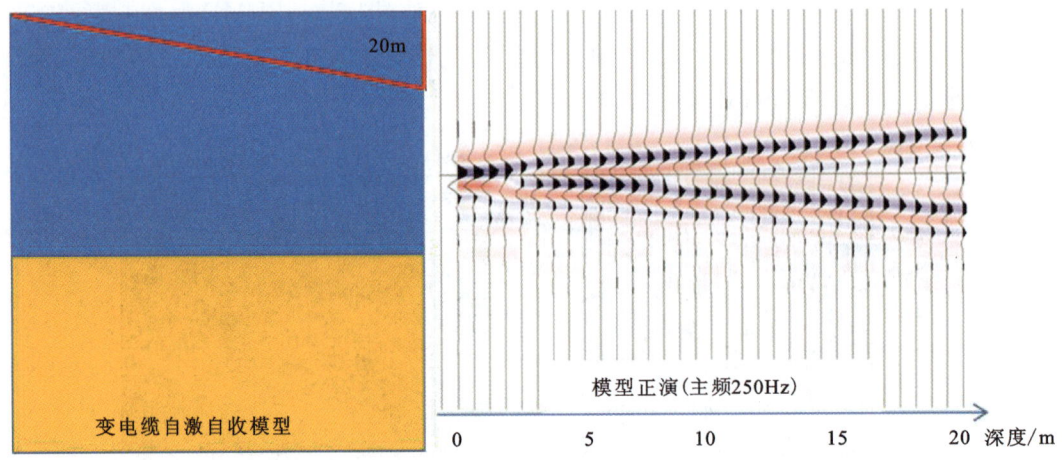

图2-14 变电缆深度自激自收模型正演(电火花震源)

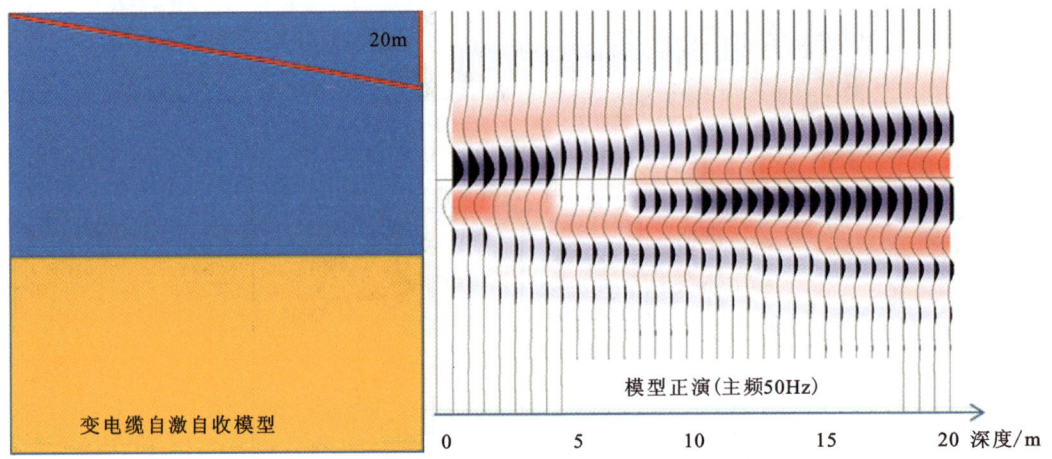

图2-15 变电缆深度自激自收模型正演(气枪震源)

综上所述,电火花震源资料与气枪震源资料相比,具有如下特点。

(1)电火花震源资料频带宽、主频高,低频段能量相对较弱。

(2)电火花震源资料信噪较低、噪声较多,普遍发育强能量的线性噪声、有源干扰和高频噪声,做好叠前去噪提高资料信噪比是电火花资料处理的关键。

(3)由于电火花资料频率高,即使在电缆深度很小的情况下虚反射仍表现为多次波,需对虚反射多次波进行压制,改善资料品质。

通过以上对电火花震源与气枪震源资料的特点对比分析,在处理过程中需要针对资料特点,采用针对性的处理技术,提高地震资料的分辨率。

3 电火花震源高分辨率地震数据采集

3.1 电火花震源高分辨率地震调查仪器设备

1)定位系统
- 型号:NAVCOM SF-3050 GNSS 星站差分定位系统。
- 生产厂家:美国 NAVCOM 公司。
- 差分方法:卫星差分。
- 定位精度:水平 10cm,垂直 30cm。
- 导航定位软件:HYPACK 2014、HYPACK 2008。

2)电火花震源
- 型号:SIG Pulse L5 电火花震源(图 3-1、图 3-2)。
- 生产厂家:法国 SIG 公司。
- 发射功率:600~6000J(多档可选)。
- 发射间隔:最大 1 次/s。
- 作业水深:5000m。
- 穿透深度:1000m。
- 点火方式:空气开关。

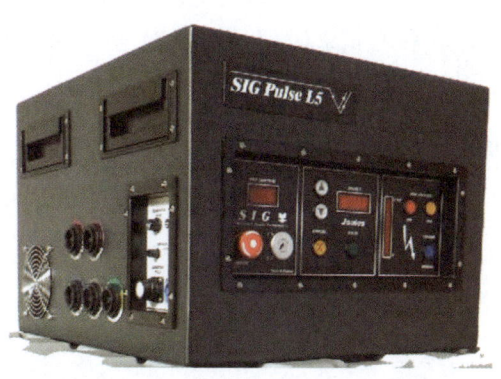

图 3-1 SIG Pulse L5 电火花震源箱体图

图 3-2 SIG Pulse L5 电火花震源放电电极图

3)数字地震采集系统
- 型号:HydroScience 48道高分辨率数字地震采集系统(图 3-3)。
- 生产厂家:美国 HydroScience 公司。
- 数字缆:4 段拖缆,每段 12 个通道,6.25m 道间距,每道 8 个 Benthos 水听器,每两段一个 24 道 24 位 A/D 转换器,以及配套的辅助电缆段。
- 分辨率:24 位,包括标识符。
- 动态范围:120dB(典型情况下)@1 ms。
- 挪威 Seamap 公司生产的 800L 的带 RGPS 尾标。

图 3-3　数字地震采集系统和电缆

3.2　施工方法与资料采集

3.2.1　导航定位

1)定位设备及导航参数

定位系统采用美国 NAVCOM 公司的 NAVCOM SF-3050 GNSS 高精度星站差分定位系统。该定位系统同时接收 GPS 和 GLONASS 的定位卫星信号,差分信号为 Starfire 星站差分。导航软件采用了美国 HYPACK 公司开发的海洋综合测量软件系统(Hypack 2014 和 Hypack 2008),该系统集成了测量设计、组合导航、数据密采、专业数据处理、成果输出及成图等功能,实现了海洋测量作用的一体化。外业施工记录采用北京时间,WGS-84 坐标系,投影方式采用墨卡托投影(表 3-1)。

表 3-1　导航定位坐标及投影参数

参考椭球体	WGS-84
地球长半轴	6 378 137m
地球短半轴	6 356 752.314m
扁率	1/298.257 223 563
投影系统	墨卡托

续表 3-1

基准纬度	27°N
中央经线	0°
比例因子	1
北向假定	0m
东向假定	0m
打标间距	500m

2) GNSS 稳定性测试

为保证外业施工过程中导航定位设备的稳定性及可靠性,对定位系统进行静态精度和稳定性测试,连续观测时间大于25h,采样间隔不大于10s。对观测数据进行处理,计算偏差值,GNSS 定位仪的静态定位中误差均小于0.2m,符合仪器标称精度,图 3-4 为检验点位图。

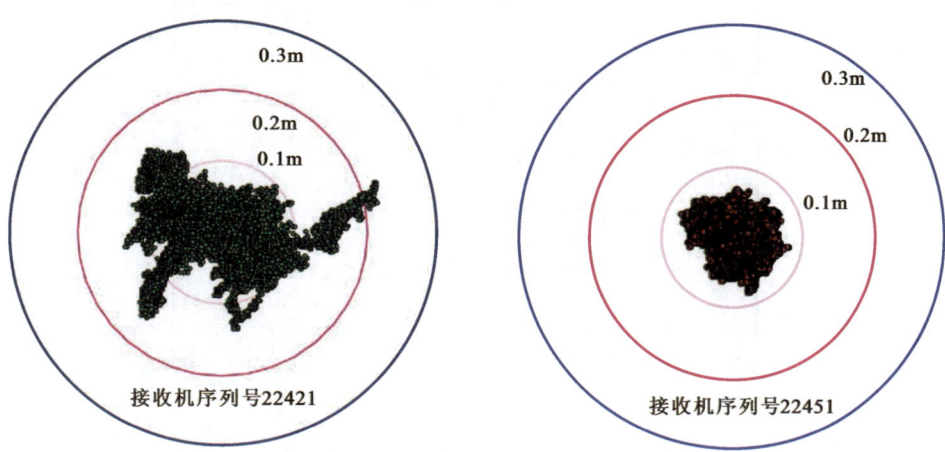

图 3-4　使用的定位接收机检验点位图

3) 甲板及舷外设备与 GPS 相对位置

GPS 采用固定安装,GPS 天线安装在驾驶台顶端,四周无障碍,确保信号的稳定接收。测深仪换能器固定安装于船底。震源从船尾左舷释放,震源拖缆距船尾62.5m。固体缆采用拖曳方式作业,固体缆侧拖于船尾右舷位置,距船尾100m。GPS 天线、震源、固体缆安装位置如图 3-5 所示。

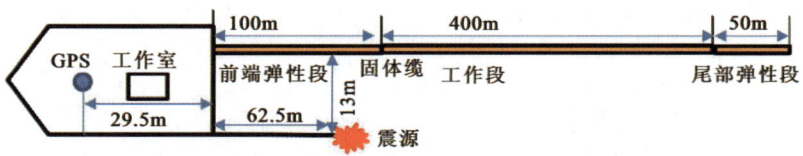

图 3-5　高分辨率地震测量设备布置平面图

3.2.2 高分辨率二维多道地震采集参数试验

1)震源激发能量

利用 SIG Pulse L5 电火花震源,分别激发能量 4kJ(图 3-6)和 5kJ(图 3-7),采用 48 道数字电缆接收,采集系统使用美国 HydroScience 公司的多道地震采集系统,现场进行数据处理,两种能量所得资料品质均较好,相比之下,激发能量为 5kJ 时,低频更为丰富,所得资料更有利于目标层位的识别,震源参数如表 3-2 所示。

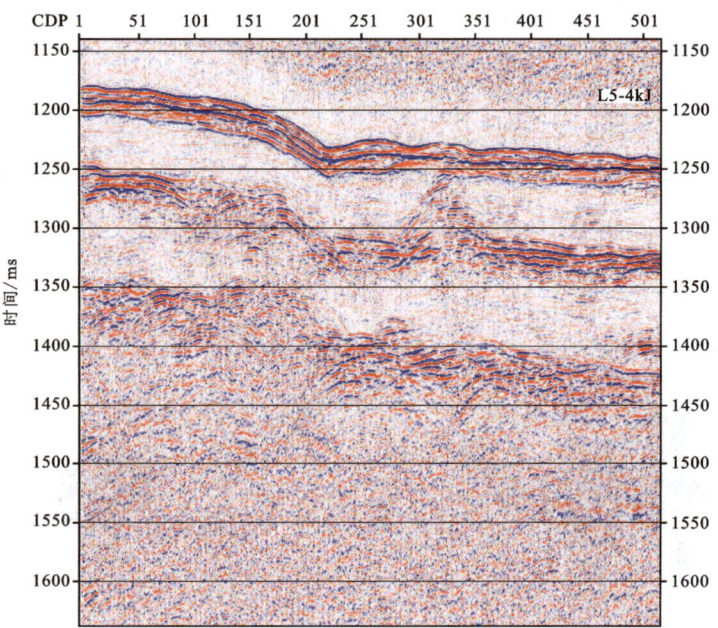

图 3-6 SIG Pulse L5 电火花震源(激发能量 4kJ)

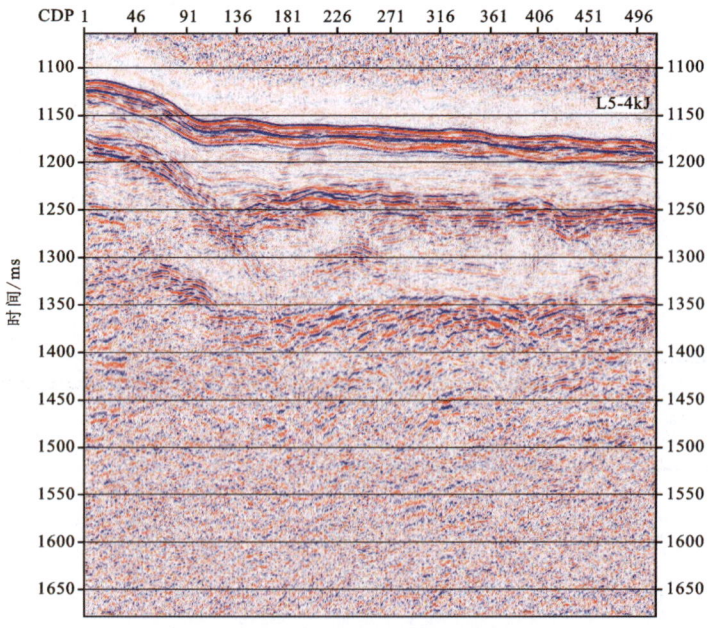

图 3-7 SIG Pulse L5 电火花震源(激发能量 5kJ)

表 3-2　电火花震源参数表

震源沉放深度	1～2m
震源类型	电火花
震源总能量	5kJ
震源频谱宽度	20～1000Hz

2）拖缆放长

对拖缆放长进行试验，目的是测试尾流对数据的影响，试验选取两组拖缆放长进行测试，即将拖缆分别释放 80m 和 100m，观察尾流对单炮记录的影响。测试结果显示，拖缆释放 80m 时（图 3-8a），尾流影响在单炮记录前半段显示较为明显，而拖缆释放 100m 时（图 3-8b），尾流对单炮记录的影响基本可以忽略。根据测试结果，最终选择拖缆释放 100m 作为最终施工拖缆放长参数。

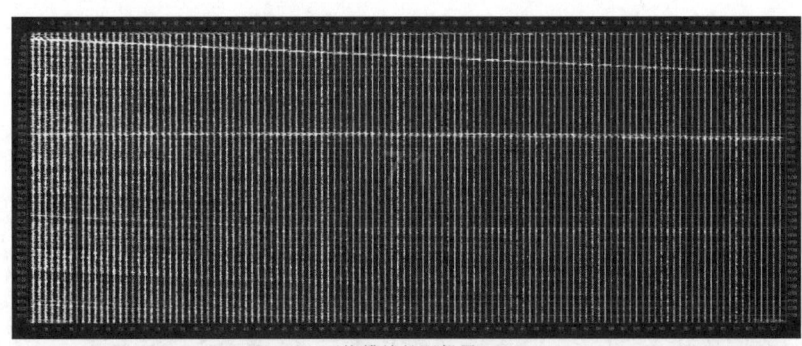

a.拖缆放长距船尾80m

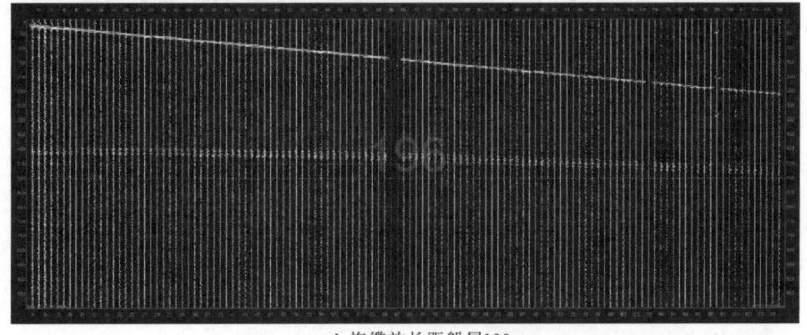

b.拖缆放长距船尾100m

图 3-8　拖缆放长试验单炮记录分析对比图

3）最小偏移距

最小偏移距试验旨在评估不同偏移距对数据质量的影响，试验选取两组最小偏移距进行对比测试，拖缆释放长度固定为 100m，设置震源释放长度分别为 62.5m 和 75m，对应最小偏移距为 37.5m 和 25m，对比分析两组数据的单炮记录及频谱特征（图 3-9）。试验结果显示，两组偏移距的单炮记录和单炮频谱特征没有明显差异，说明最小偏移距在小范围的变动对采集数据质量影响较小。但是综合考虑震源拖缆长度的限制和施工安全性，最终选择 37.5m 作为最小偏移距参数。

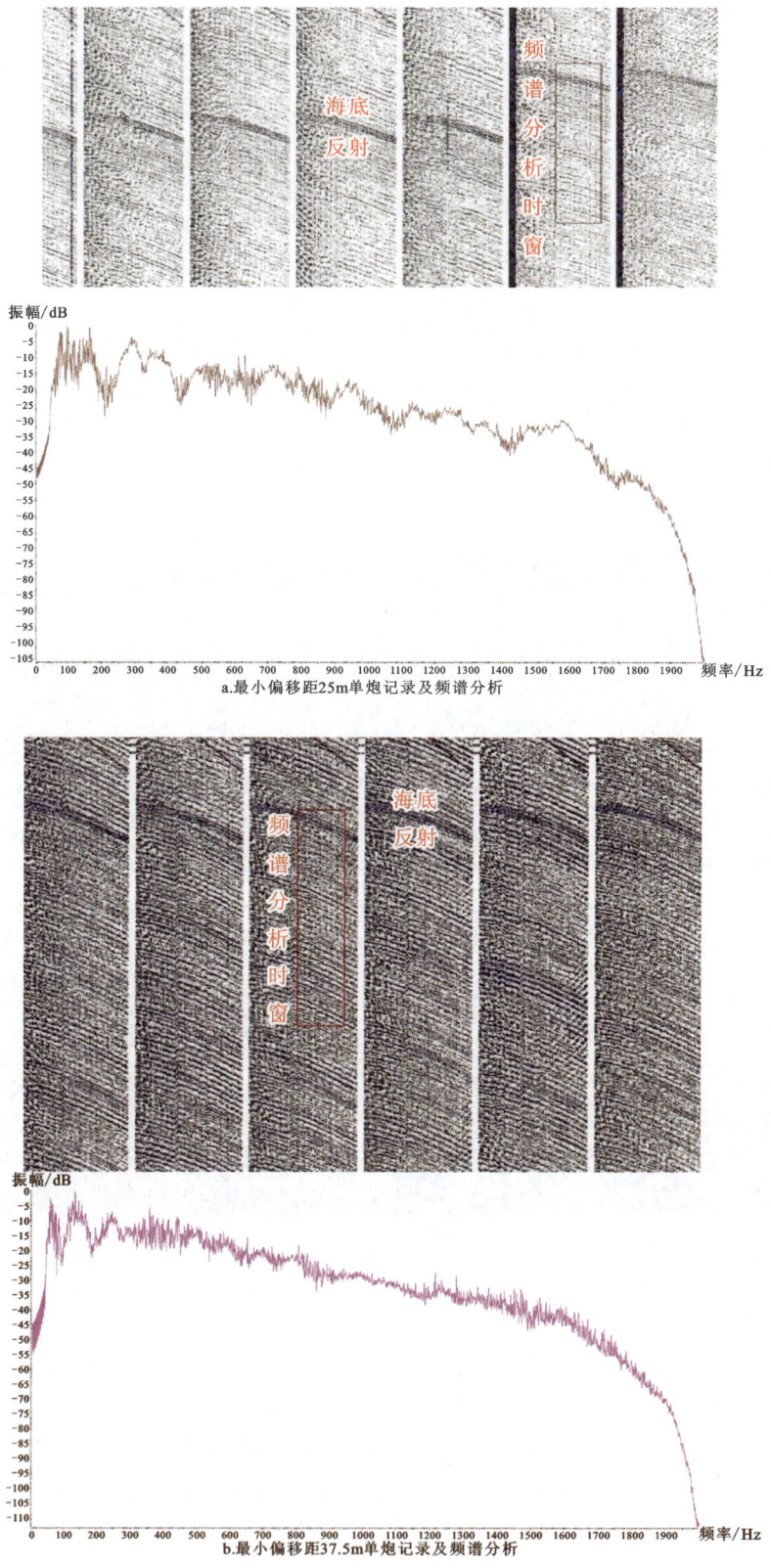

图 3-9 不同偏移距单炮记录及频谱对比图

根据测区环境和试验结果,确定了高分辨率地震采集参数(表 3-3)。

表 3-3 多道地震施工参数表

道间距	6.25m
炮间距	12.5m
电缆工作段总长	293.75m
道数	48
覆盖次数	12
采样率	0.5ms
记录长度	3800ms
最小偏移距	37.5m
震源沉放深度	1~2m
电缆沉放深度	1~2m
震源放长	62.5m
拖缆放长	100m
记录格式	SEG-Y

3.2.3 高分辨率地震资料采集流程

(1)释放震源:抵达工区后释放震源;船低速运行,震源入水(图 3-10)。

(2)释放拖缆:从船尾右舷位置释放拖缆,由绞车操作人员及释放人员协作完成,并且在前弹性段、工作段中间位置及后弹性段位置安装深度传感器(图 3-11)。

图 3-10 震源释放工作图

图 3-11 拖缆释放工作图

(3)设备连接通电:所有设备释放结束后进行设备通电自检,自检合格后准备施工作业(图3-12)。

(4)施工测量及质量控制:上线开始前一炮进行噪声记录,噪声记录结束后开启电火花震源充电,由导航软件对震源及采集软件发送触发信号,震源箱接收到触发信号后开始放电,而采集软件接收到触发信号后开始记录数据。对因气象和设备故障等诸多因素一次无法完成作业的测线,下次补测时均按原来方向进行,并尽可能保证一定距离的重复测量段,重叠距离不小于1km,以便于剖面的拼接和解释对比;注意同一测线多次施工避免往返测量。测线完成后,延长1km,确保有效测线部分满覆盖(图3-13)。

图3-12 震源与拖缆相对位置图

驾驶台:及时汇报航行状况;为保证采集数据质量,施工过程中,船不能突然减速,不能停泊,不能倒行,原则上船速控制在5节左右,船速应配合空压机工作状态进行控制,调查船的船速和航向保持稳定;前方发现障碍物时,应通知工作室,提前避让,不能避让时,船立即减速慢行,同时收起拖缆和震源。

后甲板:密切注意拖曳设备安全性及工作状态,配合工作室完成电火花震源箱的开启及关闭,配合驾驶台加强瞭望,完成拖缆及震源的收放工作,确保拖曳设备的安全。

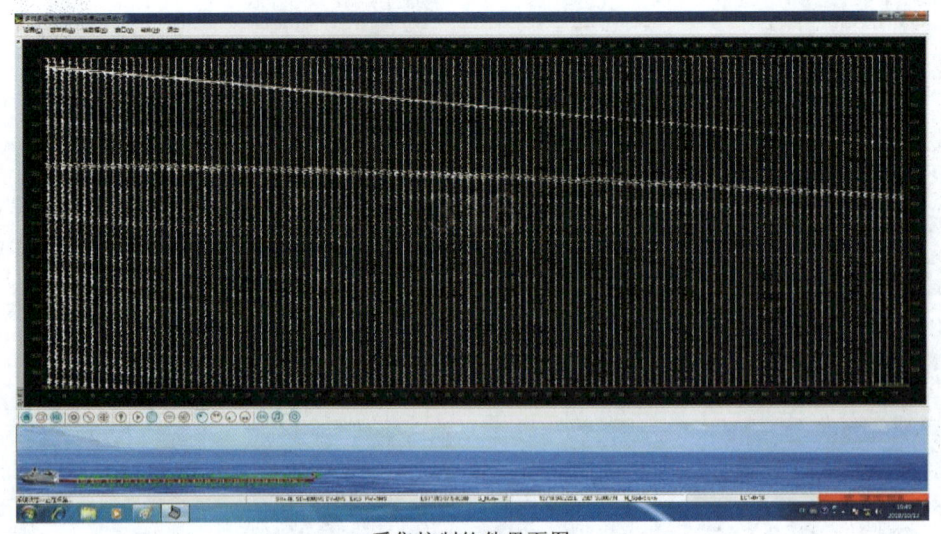

a.采集控制软件界面图

3　电火花震源高分辨率地震数据采集

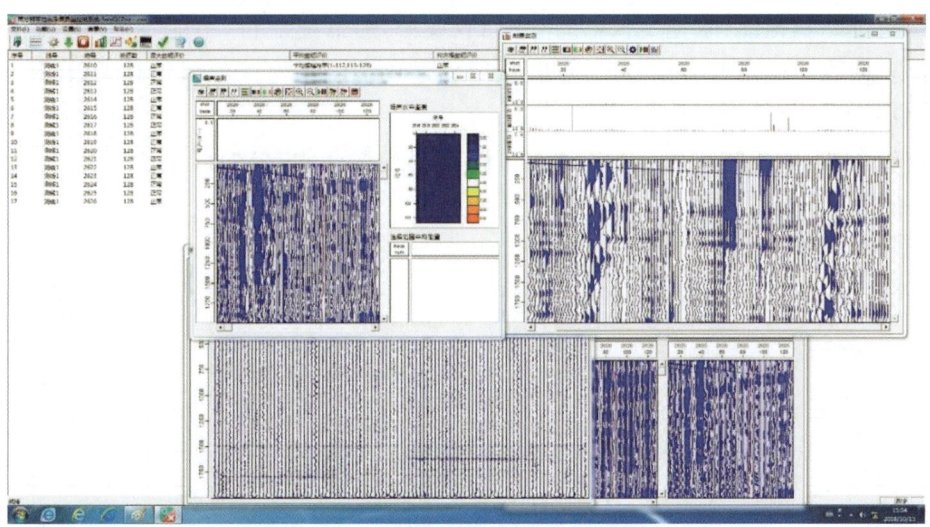

b.软件控制界面图

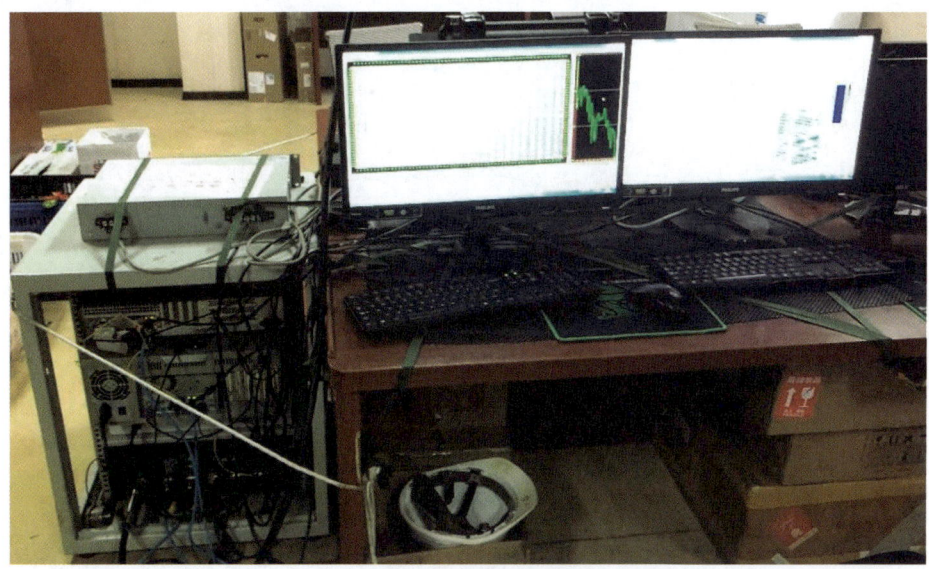

c.采集现场值班情况图

d.现场采集测线单炮记录剖面(带通滤波50~2000Hz)

图 3-13　现场采集及质量控制图

（5）回收震源及拖缆：收拖曳仪器时，先回收震源，船低速航行，不能停泊，震源收完后，再收固体拖缆；回收前确定所有设备已经断电，回收过程中注意检查各部分有无破损，设备连接处有无松脱。

（6）存储资料：作业完成后，地震记录文件以测线名命名，及时转存至移动硬盘，实现双备份。

4 电火花震源高分辨率地震数据处理

4.1 原始资料分析

4.1.1 频谱分析

电火花震源是利用高压电极在水中的放电效应激发地震波的装置。激发前,高压整流电路先使高压电容充电到几十千伏,高压电容通过放电电缆和放电开关与放置在海水中的一对电极相连。激发时,放电开关接通,电极突然获得几十千伏的高压,电极间水介质中形成十几万安培的放电电流,瞬间产生出几十万焦耳的热能,使海水汽化,对海水产生巨大的冲击力,激发出地震波。电火花震源的特点是激发的地震波主频高、频带宽,因而分辨率较高。但是,电火花震源的能量弱,资料的信噪比低,特别是对深层几乎没有有效反射。

从频谱分析(图 4-1)看,电火花震源地震资料频率可达到 800Hz。从频率扫描结果看(图 4-2、

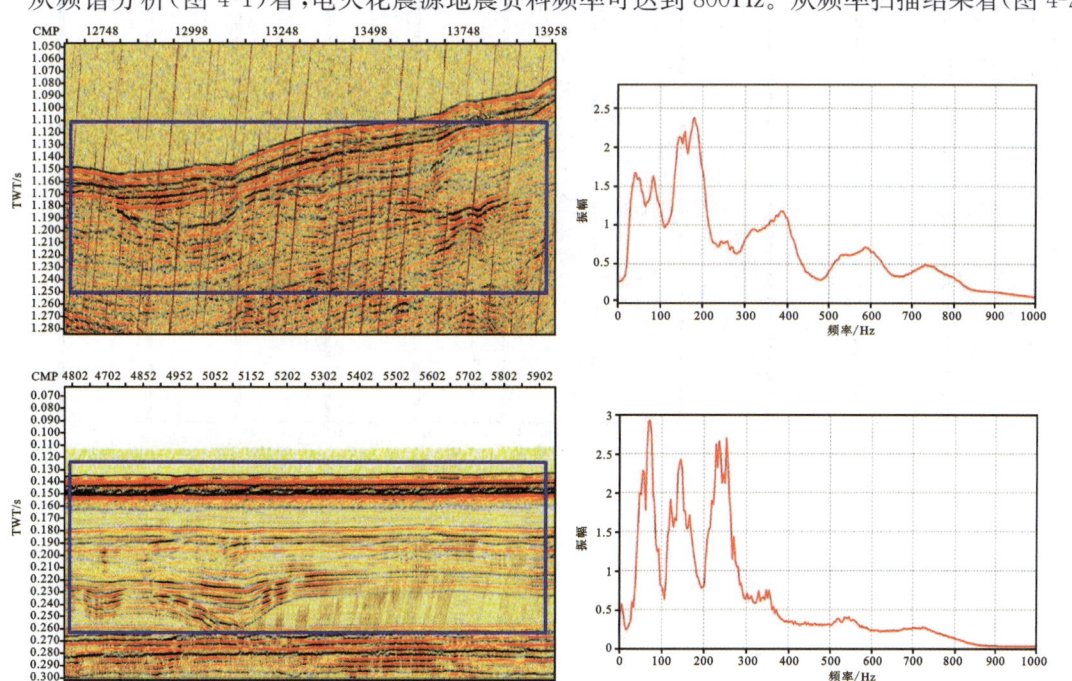

图 4-1 预叠加剖面频谱分析

图4-3),电火花震源资料在40Hz以下基本没有有效信号,有效频率范围在40～400Hz,资料主频在200Hz左右,相对于常规气枪震源来说,属于高分辨采集。在处理过程中需根据高分辨资料的特点,做好叠前去噪工作,有效保护低频信息和高频信息。

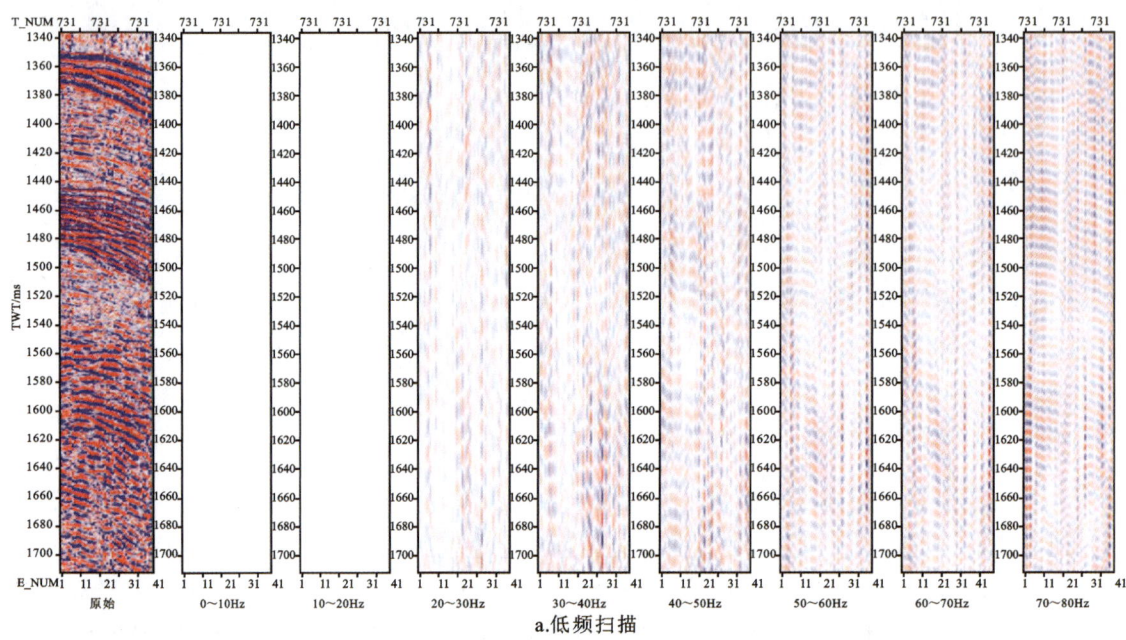

a.低频扫描

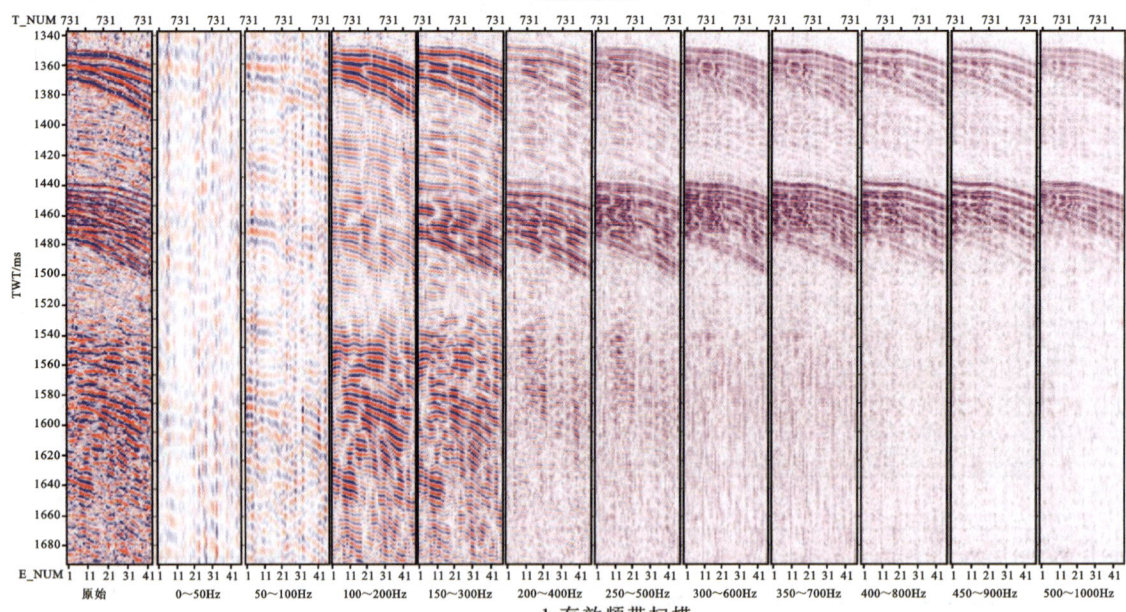

b.有效频带扫描

图4-2 单炮频率扫描示例1

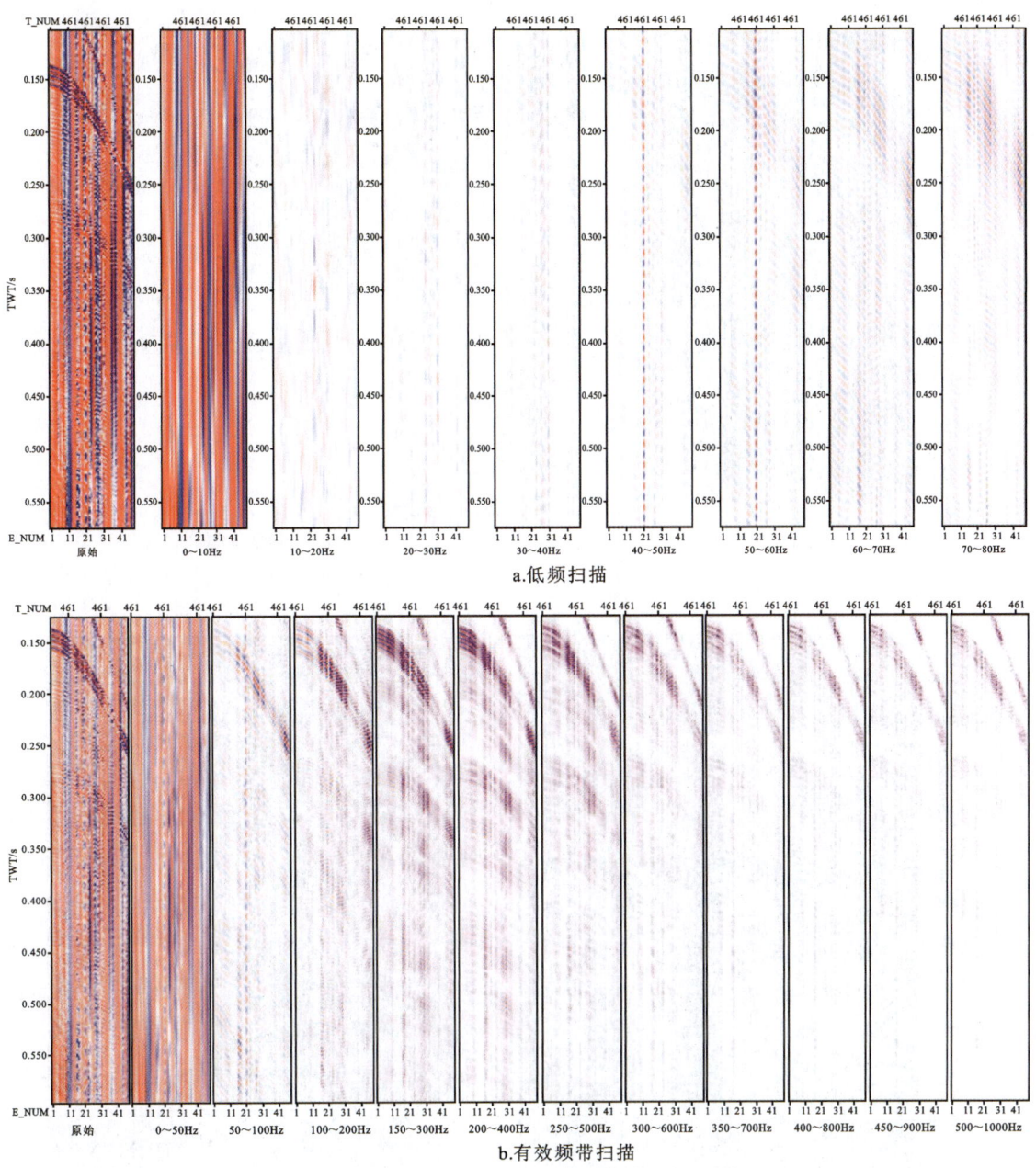

图 4-3 单炮频率扫描示例 2

4.1.2 噪声分析

对所有测线原始单炮进行统计分析,电火花震源资料的单炮噪声类型较为复杂,除了低频背景噪声,还有工业干扰、异常振幅、线性干扰等类型。图 4-4a 是原始单炮,可以看到地震资料存在明显的低频背景噪声;图 4-4b 为原始单炮在 5Hz 低通滤波后的显示,从频谱分析上可以明显看到这是 50Hz 工业干扰。图 4-5a 显示了存在异常振幅噪声的原始单炮,图 4-5b 为存在线性干扰的原始单炮。这 4 种噪声类型在各测线的原始单炮中广泛存在。

a.低频背景噪声

b.工业干扰(5Hz低通滤波)

图 4-4 低频背景噪声和工业干扰原始单炮显示

a.异常振幅

b.线性干扰

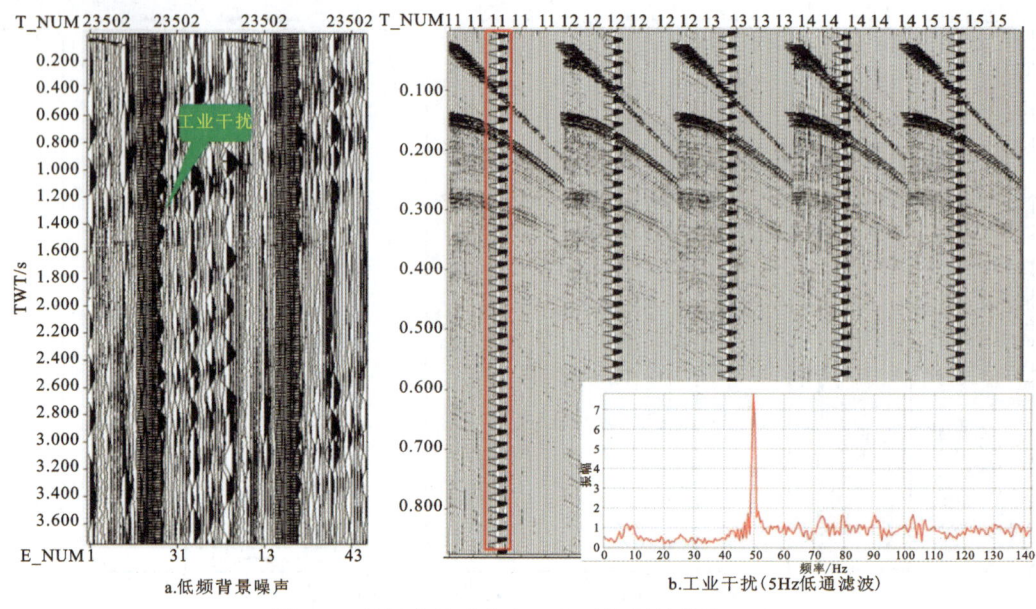

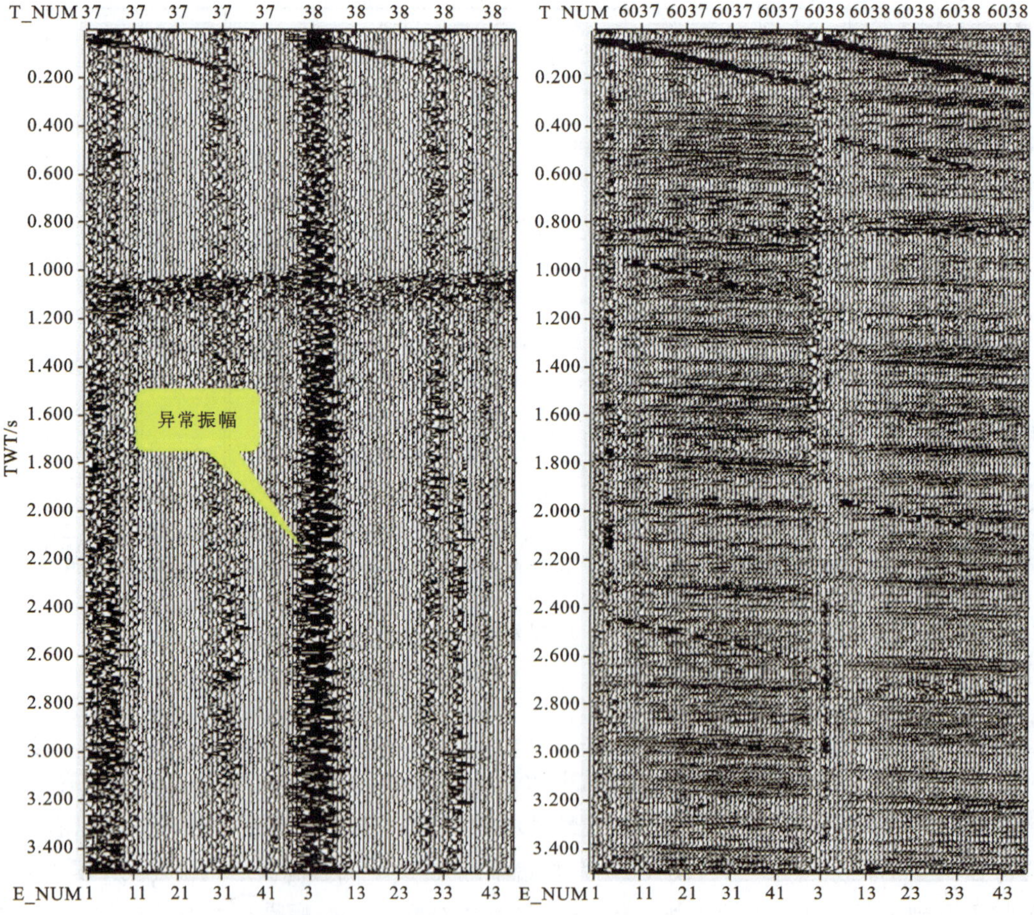

图 4-5 异常振幅和线性干扰原始单炮显示

4.1.3 虚反射多次波分析

在进行速度分析时,海底反射的速度谱能量分散,表现为高速和低速两组能量团。从CMP道集分析,所有反射波都存在伴随同相轴,这些伴随反极性同相轴为对称的水面虚反射。仔细分析单炮记录,存在较大的虚反射多次波问题,从图4-6中的单炮可以看出,对应于主反射1来说,同时存在3组虚反射多次波,其形成机制如图4-7所示。震源虚反射:地震波从震源发出后,上行至海面反射变为反极性的下行波,再从海底反射后上行被电缆接收,从而形成虚反射2;检波点虚反射:反射波上行时电缆接收一次后,继续上行至海面反射变为反极性的下行波被电缆接收,从而形成虚反射3;震源+检波点虚反射:地震波从震源发出后,上行至海面反射变为反极性的下行波,从海底反射后上行,被电缆接收一次后,继续上行至海面反射变为与主反射同极性的下行波被电缆接收,从而形成虚反射4。不仅海底反射存在虚反射多次波,其他所有反射波均存在虚反射多次波,严重影响了BSR成像及其对应的地球物理属性的分析。此外,虚反射的存在导致速度谱无法聚焦,对地震波的成像精度产生严重影响。

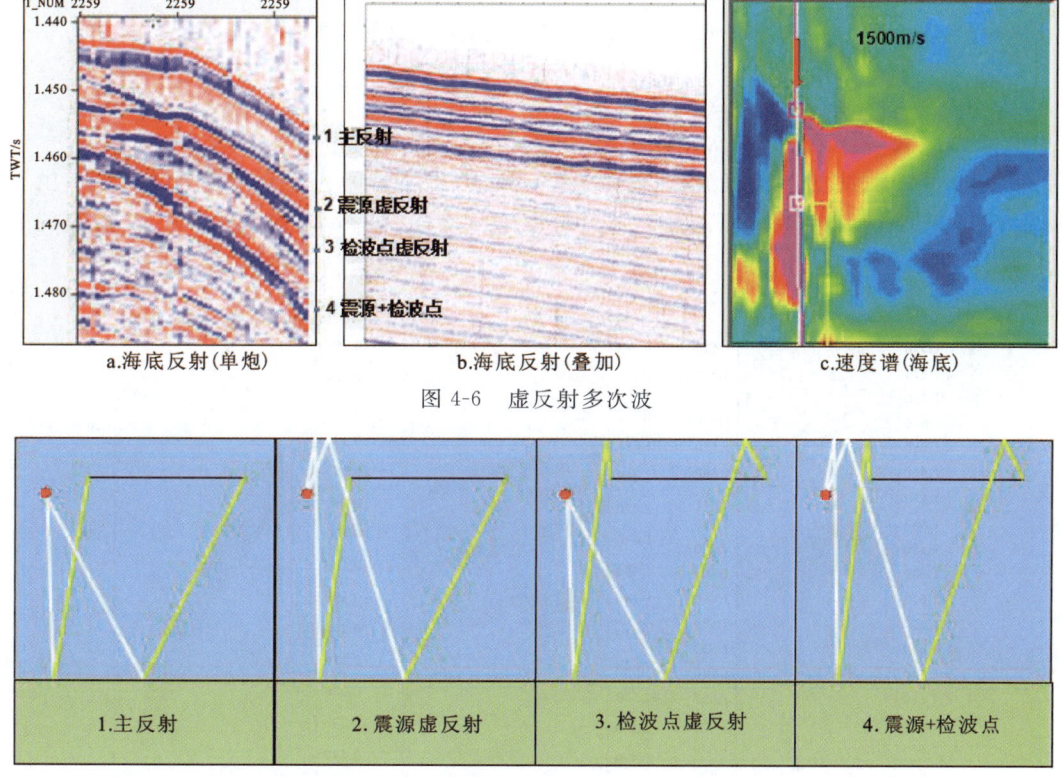

图4-6 虚反射多次波

图4-7 虚反射多次波形成机制示意图

4.1.4 震源沉放深度分析

理论上同一测线内震源深度是一定的,对应的震源虚反射时间也应该相同,但是由于海况不同,海水的运动会对震源的沉放深度产生一定的影响,如图4-8所示,同一测线内不同炮之间的震源虚反射存在一定的差异。因此,在处理过程中需要对震源深度变化产生的时差进行系统校正，以消除其对地震成像质量的影响。

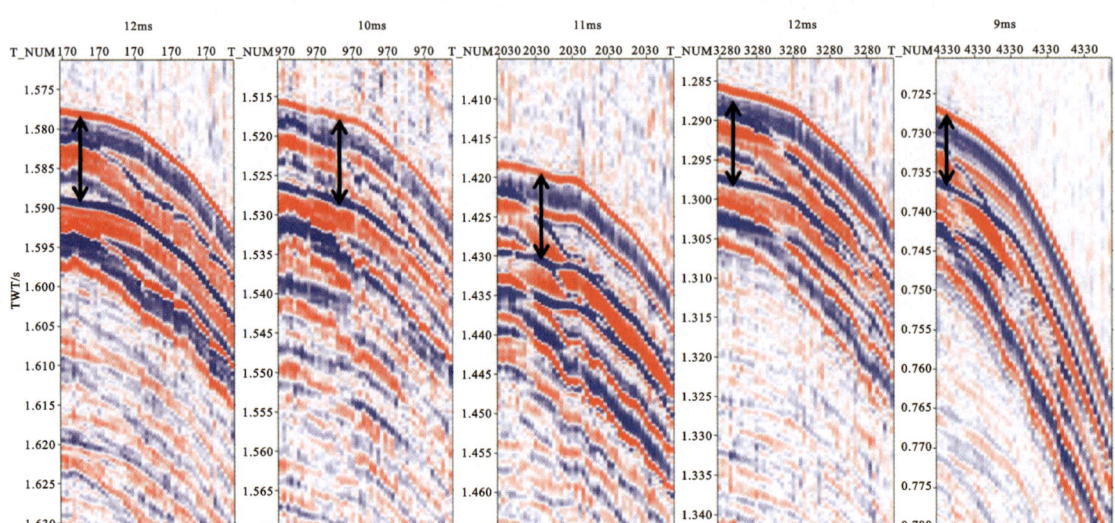

图 4-8　同一测线内不同炮震源虚反射时间

4.1.5　电缆沉放深度

理论上，同一测线的电缆沉放深度应该是一致的（即平缆），但实际在采集过程中，由于受到水流的影响，会造成电缆倾斜，因此，实际数据中电缆姿态存在平缆、近浅远深、近深远浅的情况，如图 4-9 所示。

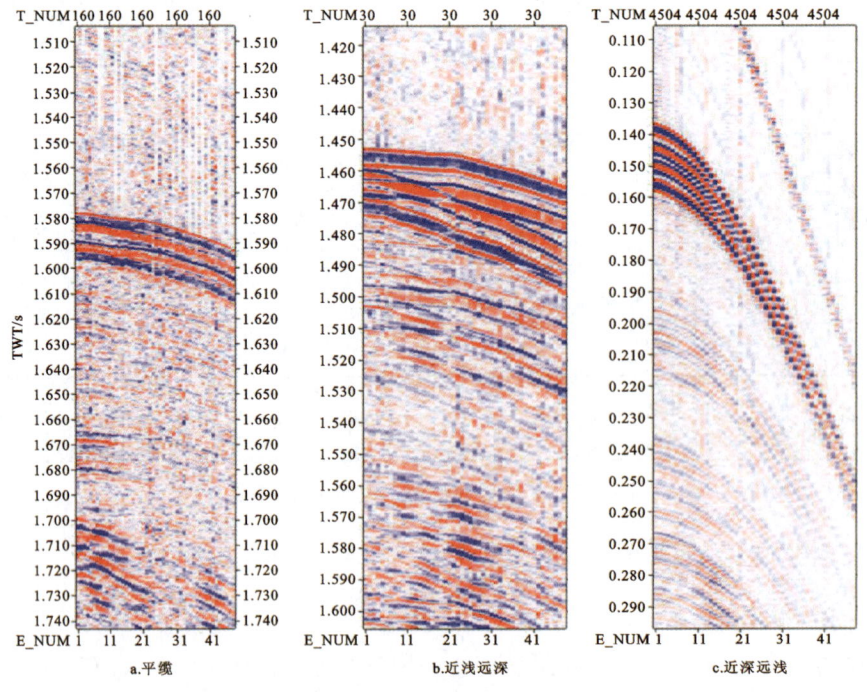

a.平缆　　　　　　　　　b.近浅远深　　　　　　　　c.近深远浅

图 4-9　电缆沉放种类示意图

4.2 原始资料处理的难点分析

4.2.1 虚反射多次波影响地震分辨率

虚反射对海洋地震数据的影响存在于整个海洋地震采集和处理过程中,所有反射波中均存在虚反射多次波,引起陷波效应,导致地震记录频带变窄,进而降低地震剖面的分辨率和成像精度,给地球物理解释工作带来困扰(王冲等,2016a,2016b)。此外,虚反射的存在导致速度谱聚焦性变差,严重干扰地震波成像。因此,消除地震波中虚反射的影响是高分辨率多道地震资料处理的关键。地震波的主频高,子波周期短,虚反射的表现形式与常规海洋多道记录不同,主要表现为与有效波分离并伴随其后,即在炮集上表现为紧跟在海底反射之后,存在与海底反射极性相反(单一炮点或检波点虚反射)或相同(炮点和检波点虚反射叠加在一起)的同相轴,延迟时间与炮检点沉放深度有关,即不考虑入射角的情况下为沉放深度的双程走时。在速度谱中,海底反射波能量团聚焦性差,呈现出高速和低速两组能量团。因此,在高分辨率地震记录中,虚反射的影响更为严重。

4.2.2 震源和电缆沉放深度误差对地震分辨率的影响

理论上,连续采集的同一测线的震源沉放深度是恒定的,但是在地震资料采集过程中,海浪作用会造成不同炮点震源沉放深度的变化;同样,电缆沉放深度因受到海流运动方向、大小及拖曳拉力变化等因素的影响偏离设计深度,从而呈现出不同的姿态(图4-10)。同一测线震源和电缆沉放深度误差引起地震反射波走时差异,当采用统一的沉放深度进行静校正时,会对

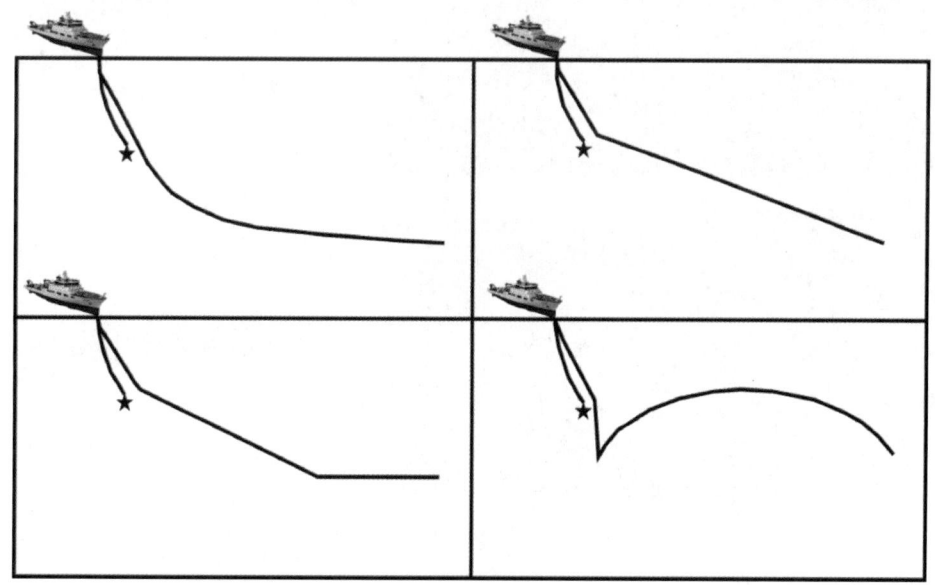

图4-10 电缆深度变化示意图

CMP 道集内的叠加同相轴造成校正不足或过校正的问题,形成剩余时差,直接影响叠加成像精度。地震记录表现为同相轴扭曲,检波点虚反射与海底反射不平行,速度谱表现为能量团不聚焦、动校正时同相轴无法完全校平,不能准确叠加成像。另外,检波点虚反射与海底反射不平行,严重时则出现与有效波同相轴相交或交叉的现象,造成虚反射压制困难,同时引起速度分析的多解性增加和成像噪声增大。

图 4-11 为不同电缆沉放模式下的正演模拟单炮记录,由图可见,各检波点沉放深度差异造成各检波点虚反射旅行时也存在差异,表现为检波点虚反射与海底反射不平行。当电缆姿态呈近道浅、远道深时,虚反射同相轴表现为下拉特征;而当电缆姿态呈近道深、远道浅时,虚反射同相轴表现为上翘特征。图 4-12 为实际采集的单炮记录,当电缆水平时,虚反射同相轴与海底反射基本平行;而当电缆倾斜时,虚反射特征与正演结果相同,呈下拉或上翘特征。在叠加剖面中通常表现为同相轴发生错动或扭曲,叠加成像发生畸变(图 4-13)。

当电缆倾斜时,由于叠加地震道中剩余时差的存在,难以实现完全的同相叠加,造成速度谱能量团不聚焦,从而降低了速度分析的精度。图 4-14 分别是两条测线在校正电缆倾斜造成剩余时差之前的速度谱,速度谱中叠加能量团分散、聚焦性差,难以拾取正确的叠加速度。此外,剩余时差的存在使 CMP 道集内叠加同相轴不能完全校平。由于地震波在海水中的传播速度基本恒定不变,利用海水速度对海底反射波进行动校正,可以根据其是否拉平为标准来评价电缆沉放深度是否相同,图 4-15a 为单炮记录,海底反射波在动校正后并未得到校平(4-15b),可见电缆沉放深度存在差异。通过拾取虚反射走时,计算得出原始数据电缆深度变化范围为 6~15.75m,与设计的沉放深度 2m 差异巨大。

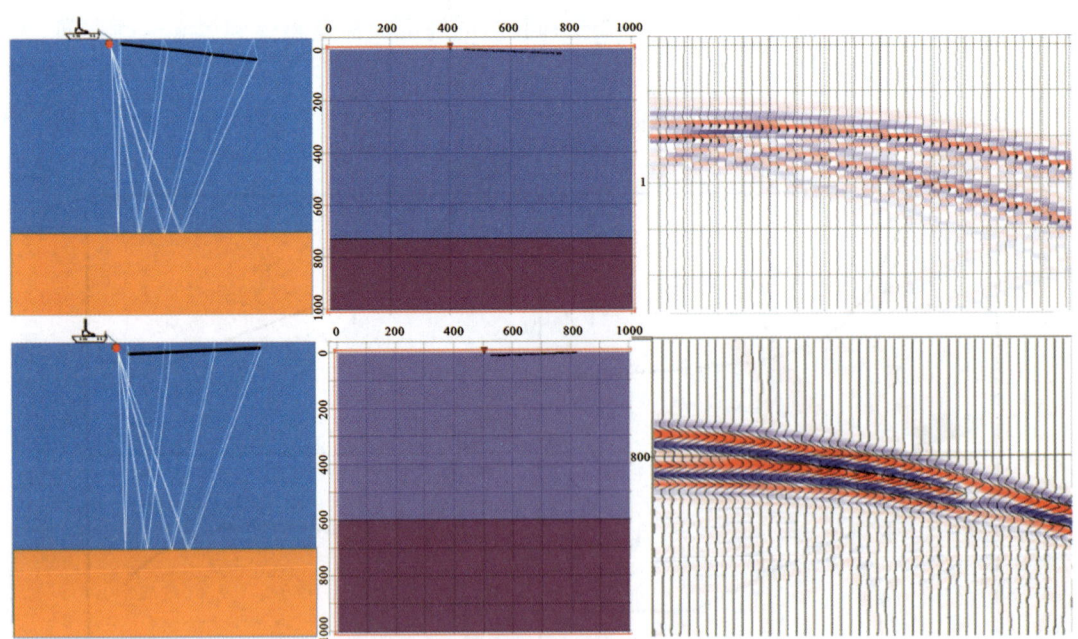

图 4-11　不同电缆沉放模式下的正演模拟单炮记录

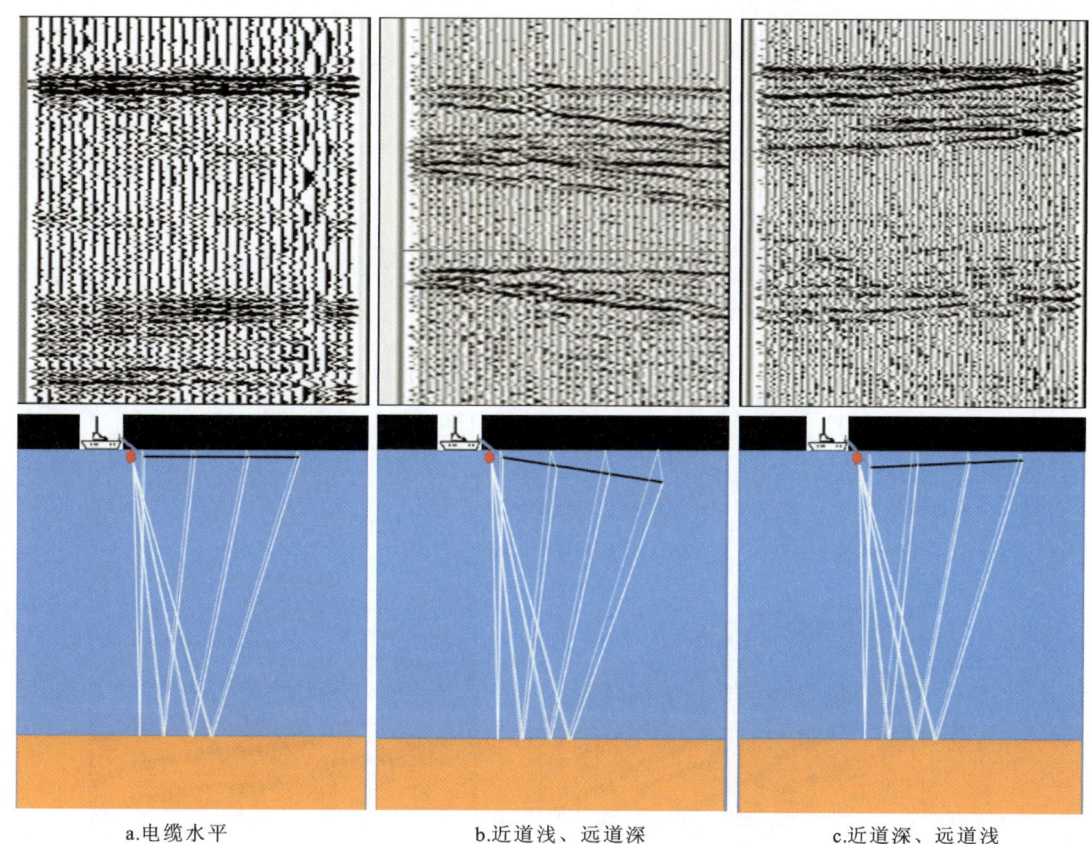

a.电缆水平　　　　　　　　b.近道浅、远道深　　　　　　c.近道深、远道浅

图 4-12　不同电缆状态下的实际单炮记录

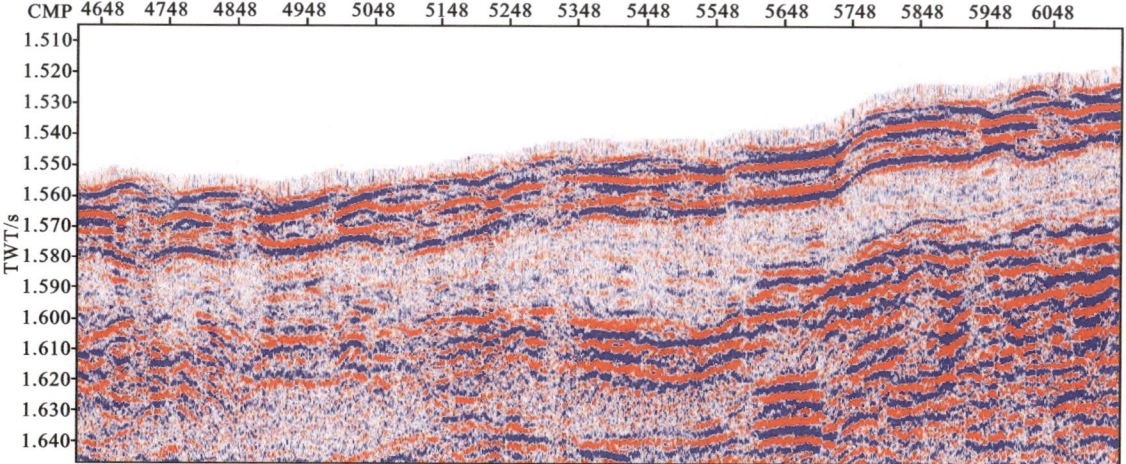

图 4-13　电缆沉放深度变化造成剩余时差的叠加剖面

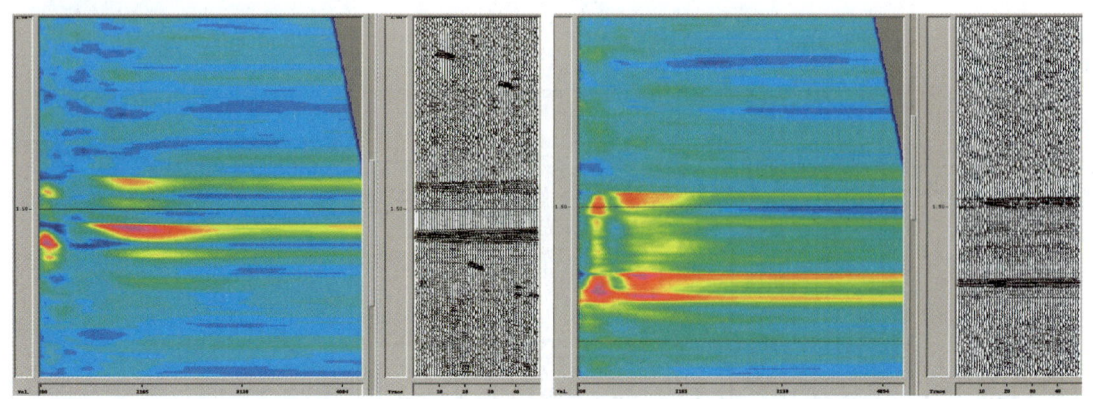

图 4-14 电缆沉放深度偏差引起速度谱能量团发散

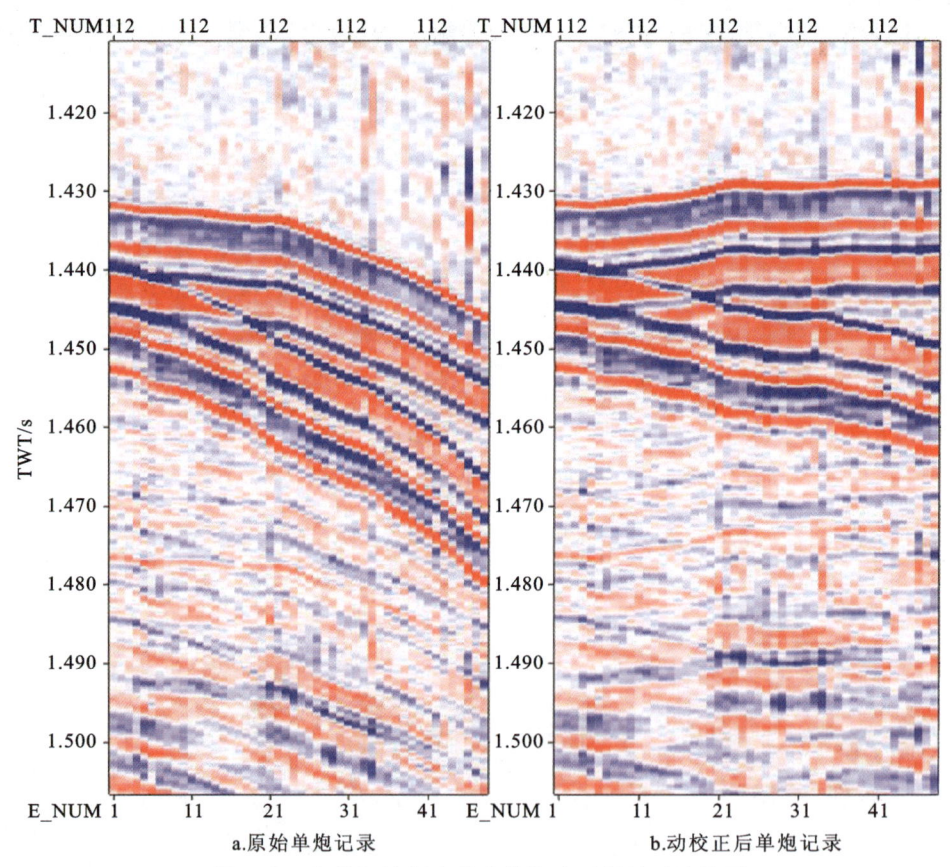

a.原始单炮记录　　　　　　　　　　b.动校正后单炮记录

图 4-15 电缆沉放深度偏差使海底反射波无法校平

虽然在常规地震勘探中,这种剩余时差可以忽略不计,但是对于高分辨率地震勘查而言,开展时差校正,消除由震源和电缆沉放深度变化引起的剩余时差,实现 CMP 道集的同相叠加,是提高地震成像精度的关键。

另一方面,电缆沉放深度的变化为地震资料处理提供了更多的信息。虚反射陷波频率由海水中声波传播速度和电缆沉放深度决定,虚反射陷波频率随电缆沉放深度的增加而降低

(图 4-16)。由图可见,不同电缆沉放深度获得的地震波频带不同,电缆沉放浅时,高频信息更丰富;而电缆沉放深时,低频信息更丰富。因此,可以利用不同电缆沉放深度的虚反射陷波差异,优化低频和高频信号品质,达到拓宽原始数据频带宽度的目的,同时可以将虚反射陷波分散化,削弱陷波的影响(图 4-17)。

由于虚反射陷波频率随着电缆深度的变化而变化,因此在地震资料处理过程中需要采用针对性的处理技术予以压制。

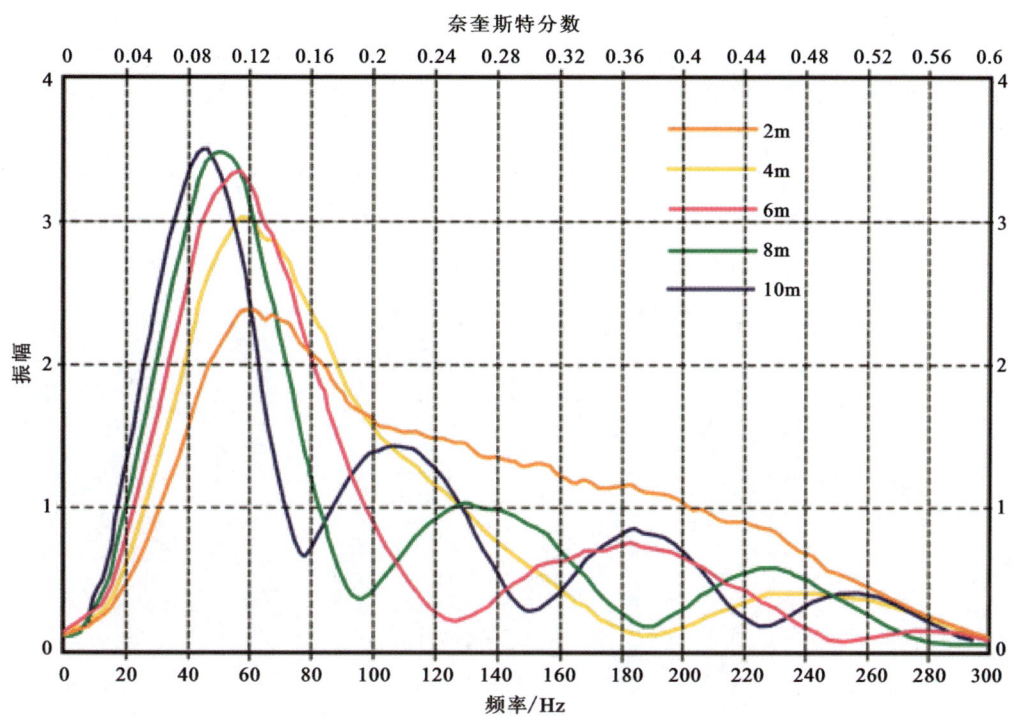

图 4-16　不同电缆沉放深度与陷波频率曲线图(考虑高频衰减)

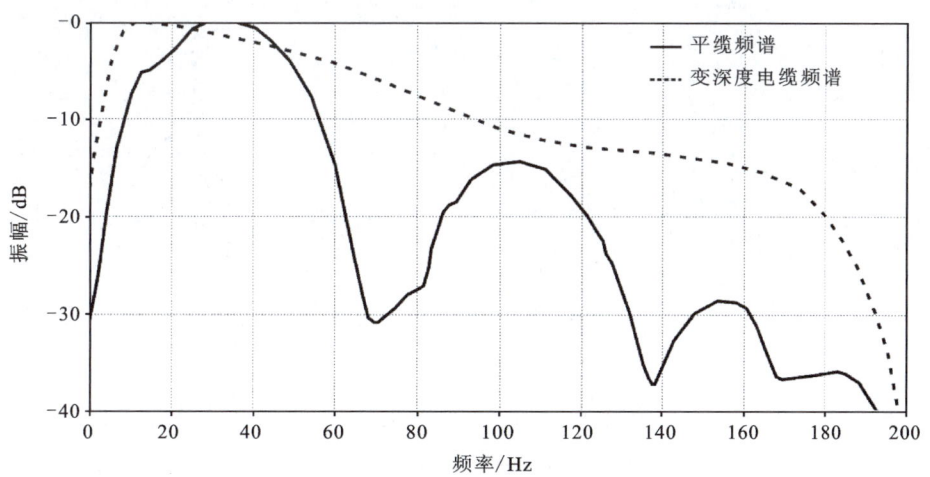

图 4-17　平缆和变深度电缆陷波频率对比图

4.2.3 排列长度对速度分析精度的影响

地震速度是贯穿地震勘探全过程的重要属性信息,速度分析的精度决定着地震资料处理各个步骤中间成果的准确性,尤其针对海域天然气水合物调查,地震速度信息是识别天然气水合物的重要依据。利用地震叠加速度转换层速度,分析地震波从上覆含水合物沉积层向下部游离气储层过渡时所引起的速度反转,进而识别真假 BSR,而地震叠加速度分析引起的误差会导致不正确的 BSR 识别结果。

海洋高分辨多道地震采集通常采用小道距观测系统,电缆排列长度一般小于 500m,因此,速度分析时速度谱能量团的聚焦性除了受电缆沉放深度变化和虚反射的影响外,还受排列长度的影响。图 4-18 为正演模拟获得的不同排列长度下形成的速度谱,可以看出,当排列长度较短时,由于提供速度分析所需的旅行时差信息较少,速度谱能量团聚焦性较差,速度拾取存在较大的困难,速度分析精度较低。只有达到一定的排列长度,提供足够的旅行时差信息时,才能形成能量聚焦的速度谱,提高速度分析精度。

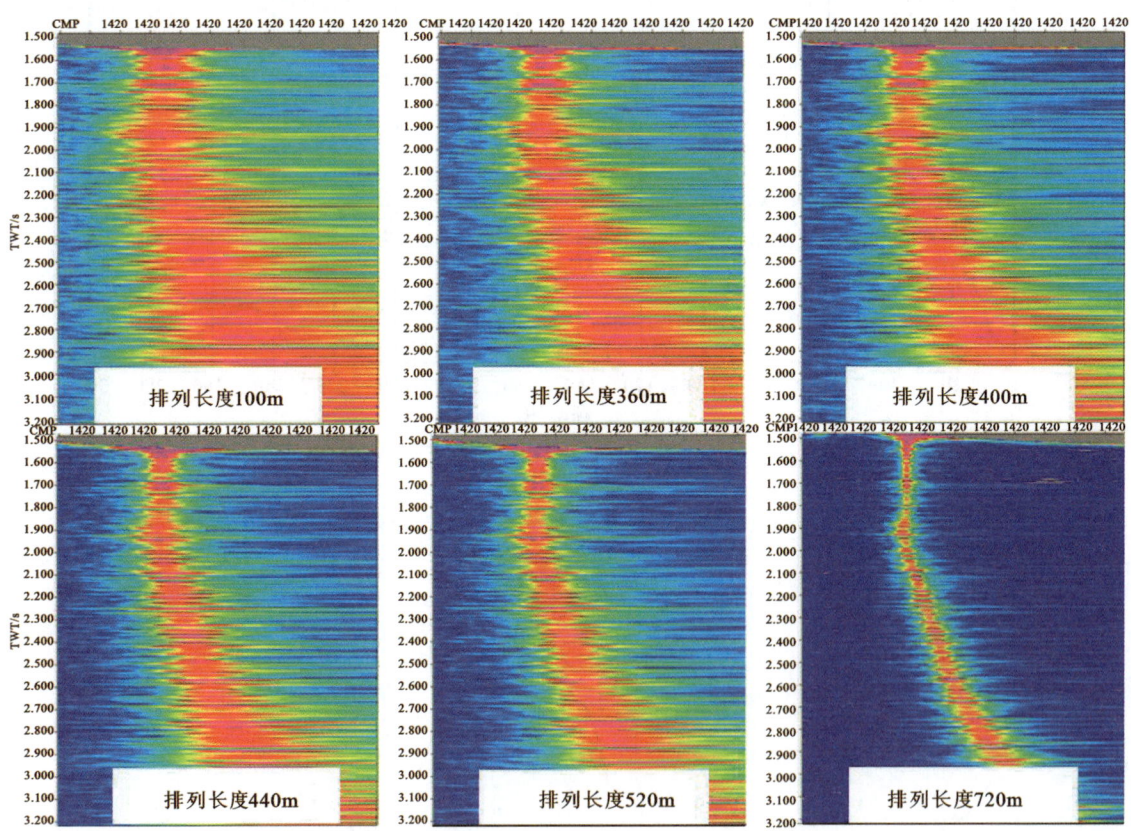

图 4-18 不同排列长度对应的正演模拟速度谱

虽然电火花震源的高主频能够在一定程度上弥补排列长度较短的缺陷(Luo et al.,2017),但是排列长度仍然是影响速度分析精度的主要因素。为此,本书针对性地开展了数值模拟研究,论证排列长度是速度分析精度的主要影响因素。假设标准叠加速度为 1535m/s,利用不同的叠加速度(1200~1800m/s)进行速度扫描,根据校正时差,叠加形成新的子波,计算新形成子波的均方根振幅与标准速度子波的均方根振幅的比例。根据速度分析原理,随扫描速度的变化,均方根振幅能量下降得越快,则速度谱能量团聚焦性越好,速度分析精度越高。为了更好地说明排列长度对速度分析精度的影响大于主频的影响,设计了两种模型进行模拟对比。模型1为短排列模型,设计排列长度300m,主频200Hz;模型2为长排列模型,设计排列长度1200m,即排列长度放大4倍,相应的采集数据主频为短排列的1/4,主频为50Hz。图4-19分别为两种模型的速度扫描结果,由图可见,模型2的均方根振幅能量下降得更快,且在1535m/s时能量达到最大,叠加振幅在标准叠加速度处聚焦性较好。当速度误差为10%时(1380m/s),模型1的均方根振幅能量下降了14.5%,模型2的均方根振幅能量则下降了70.7%。由以上分析可知,当排列长度增大,虽然主频等比例缩小,但是仍然能够大幅度提高速度分析精度。

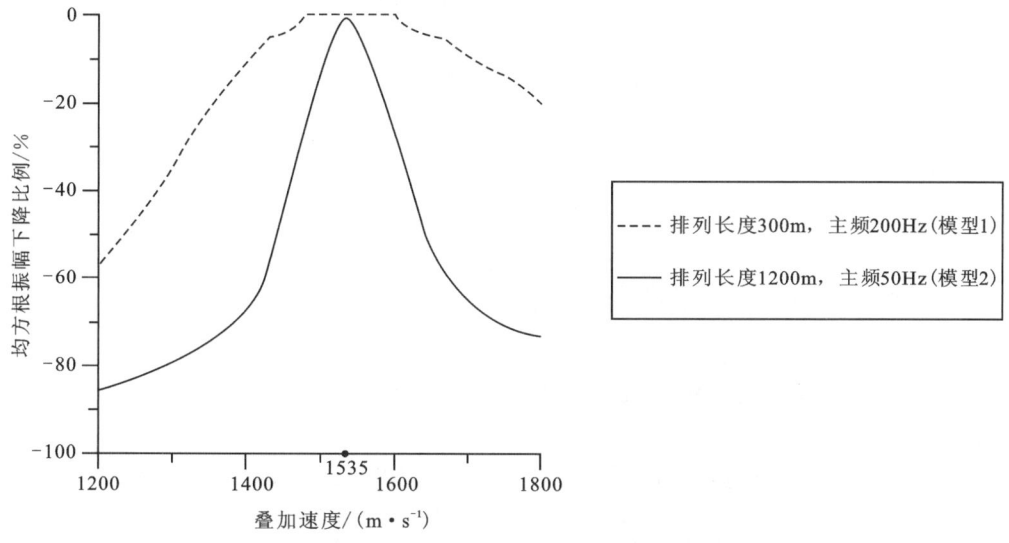

图4-19 不同排列长度和主频条件下均方根振幅下降比例对比图

实际资料的排列长度是固定的,不可能通过增加排列长度提高速度谱能量团的聚焦性,因此,如何在排列长度一定的情况下,提高速度谱能量团的聚焦性,是提高电火花震源高分辨率地震速度分析精度的关键。

4.3 高分辨率地震资料处理关键技术

4.3.1 基于虚反射的电缆沉放深度剩余时差校正

在电缆等浮(沉放深度相同)的情况下,地震记录中虚反射同相轴和一次波同相轴平行,表现为光滑的双曲线形态,在小偏移距范围内可以忽略虚反射周期随入射角的变化,且炮点和检波点虚反射延迟时是沉放深度的双程时。但在实际采集过程中,由于沉放深度的误差,不同接收点处于不同深度,使地震记录的海底反射存在明显的同相轴扭曲现象,对应的虚反射同相轴也不完全与一次波平行。

由本书 4.2 节可知,原始数据存在明显的虚反射多次波,因此,可以利用虚反射进行电缆沉放深度剩余校正。图 4-20 为同一震源发出的地震波对应的海底反射及其虚反射的射线路径图,通过射线走时公式可以得到虚反射与主反射时差 dt,其公式为

$$dt = \frac{1}{v}\left[\sqrt{(2D_{WB}+D_R-D_S)^2+X_{off}^2} - \sqrt{(2D_{WB}-D_R-D_S)^2+X_{off}^2}\right] \quad (4-1)$$

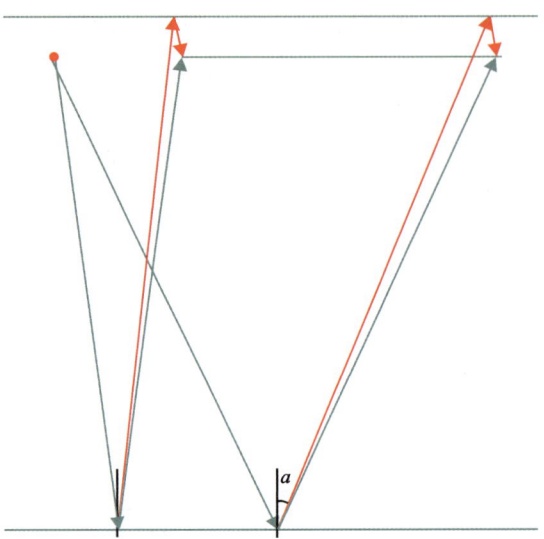

图 4-20 海底反射和虚反射的地震波传播示意图

式中:D_{WB} 为海底深度;D_R 为检波点沉放深度;D_S 为震源沉放深度;X_{off}^2 为偏移距;v 为海水速度,此处采用 1500m/s。

由式(4-1)可以反推出通过主反射与虚反射旅行时计算相应检波点深度的公式为

$$D_R = \sqrt{\frac{(2D_{WB}-D_S)^2+X_{off}^2-(vdt)^2/4}{\frac{4(2D_{WB}-D_S)^2}{(vdt)^2}-1}} \quad (4-2)$$

在偏移距、海底深度、震源沉放深度和虚反射时差已知的情况下,可以由式(4-2)计算出实际检波点的沉放深度,由此可以计算出检波点的剩余时差 dt_{re} 为

$$dt_{re} = \frac{(D_R-D_S)\times 1000}{v} \quad (4-3)$$

根据上述理论公式,采用交互式的方法,拾取每炮的海底反射及其对应的检波点虚反射时差,由虚反射时差计算每炮采集时的实际电缆沉放深度,进而计算剩余时差并进行校正,将电缆沉放深度统一校正到海平面,实现同相轴同相叠加,提高地震分辨率。同理,拾取每炮对应的炮点虚反射时差可以计算炮点沉放深度变化引起的剩余时差,从而将炮点沉放深度统一校正到海平面。图 4-21 为剩余时差校正前后叠加剖面的对比图,由图 4-21 可以看出,剩余时差校正后,叠加同相轴能量聚焦,海底扭曲现象消失,有效反射连续性变好,资料整体信噪比和分辨率明显提高。

4.3.2 虚反射压制

虚反射是一种不可避免的干扰波,虚反射的波形、频率、视速度等都与一次反射波相似,

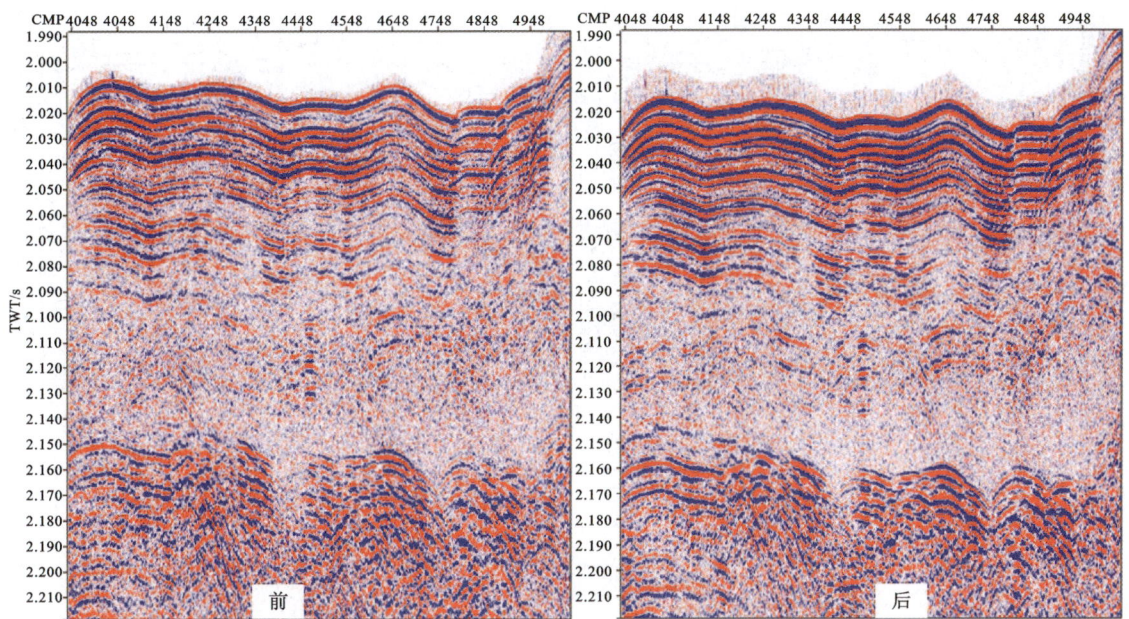

图 4-21 剩余时差校正前后叠加剖面对比图

从而严重干扰一次反射波，降低地震分辨率，甚至产生假的同相轴，给地震解释造成困扰。随着地震资料处理向精细化发展，消除虚反射的影响已经成为海上地震资料处理的一个热门。通过虚反射压制，可以达到拓宽频带、提高地震数据分辨率的目的。

在完成电缆沉放深度引起的地震波走时差异校正后，各接收道的虚反射走时基本相同，采用已有成熟的虚反射压制方法，即可取得较好的压制效果。本书采用基于 F-K 域（频率-波数域）虚反射压制技术，该技术的特点是，在已知检波器深度和海水速度的情况下，针对检波点虚反射和炮点虚反射，分别在炮域和共检波点域进行压制，从而消除虚反射效应，改善剖面波组特征，拓展频谱宽度。

在 F-K 域采用如下算子压制虚反射：

$$G(F,K)=1+R\times e^{-\frac{2iz}{v}\sqrt{F^2-v^2K^2}} \qquad (4-4)$$

式中：R 是界面反射系数；v 是海水速度，一般取值 1500m/s；z 是震源（或检波点）的深度；F 和 K 分别表示数据的频率和波数。

在采用 F-K 域虚反射压制之后，剖面上仍然存在一套与海底反射平行的虚反射残余，分析认为该套虚反射是由于受到海水速度误差、海浪及虚反射拾取误差等因素的影响，虚反射压制因子的求取不够理想造成的，因此，为了更进一步压制虚反射，本书在 F-K 域虚反射压制的基础上，又采用了预测反褶积虚反射压制技术，较好地压制了虚反射残余，如图 4-22 所示。

图 4-23 是虚反射压制前后的叠加剖面和频谱对比。从剖面可以看出，通过应用 F-K 域压制虚反射技术和预测反褶积技术，虚反射引起的子波旁瓣得到了很好的压制，剖面上地层的反射特征更加清晰、可靠。频谱分析表明，虚反射引起的陷波现象得到了有效补偿，高低频信息得到了明显拓展，频谱能量分布更加均衡（图 4-23c）。

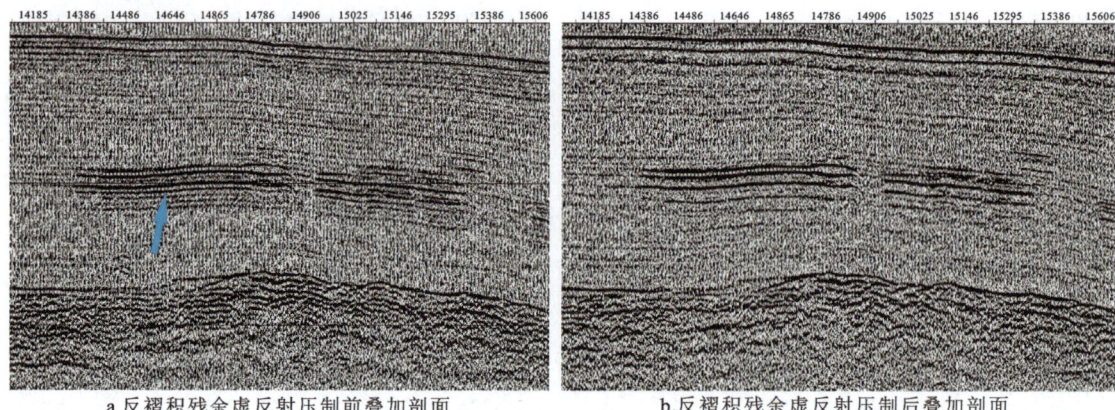

a.反褶积残余虚反射压制前叠加剖面 b.反褶积残余虚反射压制后叠加剖面

图 4-22　预测反褶积压制残余虚反射前后叠加剖面对比图

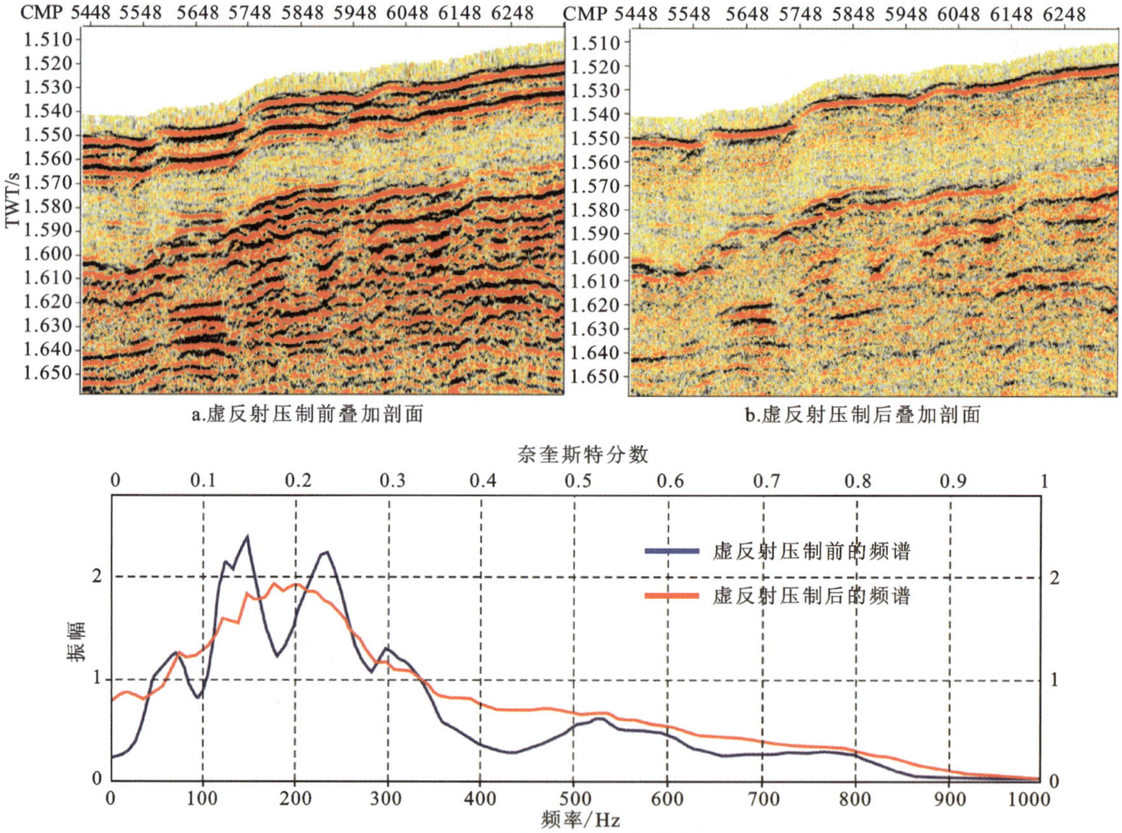

a.虚反射压制前叠加剖面 b.虚反射压制后叠加剖面

c.虚反射压制前后频谱

图 4-23　虚反射压制叠加剖面和频谱对比图

4.3.3　基于地震模型学相似性原则的精细速度分析

由正演模拟可知，地震叠加速度的分析精度主要取决于排列长度。为了提高速度分析精度，基于地震模型学相似性原则，采用放大排列长度、相应降低数据主频的方法，进行叠加速度分析处理。

相似性原理是地震模型学的基础,由波动方程的不变性理论可推出实际地质和物理模型之间速度、时间、距离、频率等参量之间的关系为

$$\frac{K_L}{K_t \times K_v} = 1 \tag{4-5}$$

当 $\frac{v_R}{v_M} = 1$ 时,则有

$$K_L = \frac{1}{K_f} \text{ 或 } K_L = \frac{1}{K_f} \tag{4-6}$$

$$\frac{K_L}{K_\lambda} = 1 \tag{4-7}$$

式中:$K_L = \frac{L_R}{L_M}$,$K_t = \frac{t_R}{t_M}$,$K_v = \frac{v_R}{v_M}$,$K_f = \frac{f_R}{f_M}$,L,t,v,f 分别表示尺度、时间、速度和频率,下标 R 和 M 分别表示实际地质模型和物理模型。

以上公式表明,在波动方程成立的前提下,当波速相等或相似时,实际地质模型和物理模型之间在尺度和时间上应等比例增大或缩小,而频率则呈反比例变化,且模型尺度相似比和波长相似比也应相当。

在地震速度分析过程中,借鉴了地震模型学中的相似性原理,在排列长度和时间尺度上将地震数据等比例放大,增加了远炮检距道提供速度分析所需的时差信息,增强速度谱能量团的聚焦性,从而提高速度分析精度。具体的操作流程是在观测系统定义中将炮间距、偏移距、道间距同时放大 N 倍,同时修改地震记录的道头信息,使炮间距、道间距等信息与观测系统同步,时间采样间隔同步放大 N 倍,使地震主频随之降低至原来的 1/N。利用调整后的采集系统进行速度分析,拾取到准确的叠加速度后,恢复观测系统,并利用实际观测系统和地震数据进行后续成像处理。图 4-24 分别为实际资料同一 CDP 道集参数调整前后的速度谱剖面,

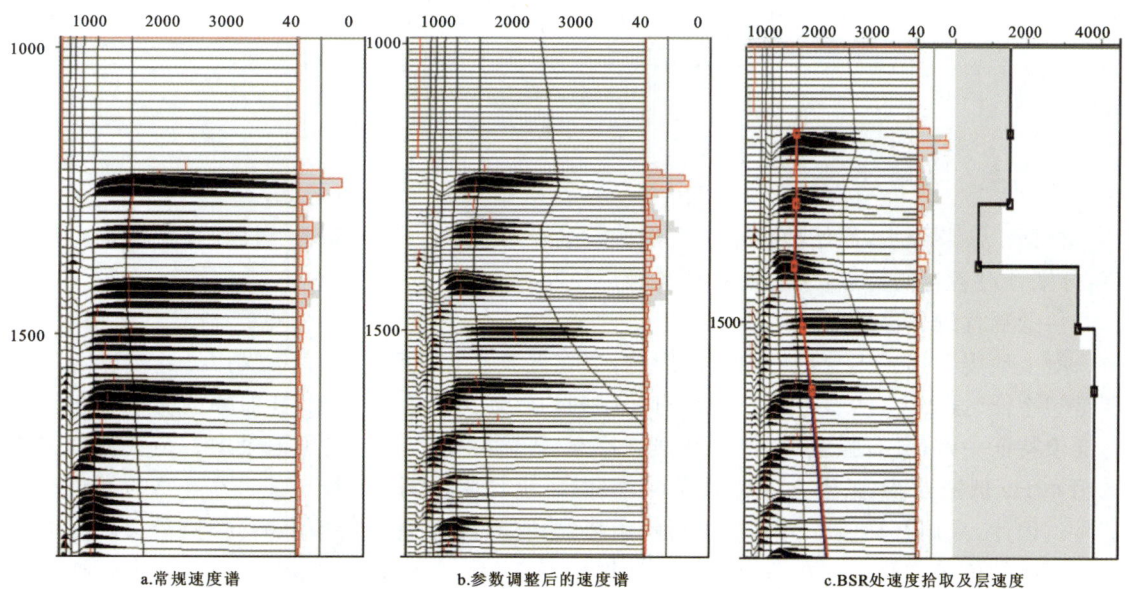

a.常规速度谱　　　　b.参数调整后的速度谱　　　　c.BSR处速度拾取及层速度

图 4-24　参数调整前后速度谱对比图

可以看出,在扩大了排列长度之后,由于增加了远炮检距道所提供的时差信息,速度谱能量团聚焦性更好,从而具有更高的速度分析精度。图 4-24c 是速度谱拾取结果及其对应的层速度,可以看出,在 BSR 处具有明显的速度反转特征,符合 BSR 上覆含水合物沉积层及下部游离气的特征。

4.4 高分辨率地震资料处理流程

4.4.1 处理流程

针对电火花高分辨率地震资料特点和目标任务,处理的重点是正确反映海底浅部地层,刻画水合物识别特征。因此在采用 4.3 节关键技术的基础上,重视滤波技术、异常振幅压制、反褶积等技术的应用,充分利用振幅及频率信息来压制各种噪声,提高资料信噪比,并采用反褶积等方法,提高资料分辨率。处理流程如图 4-25 所示。

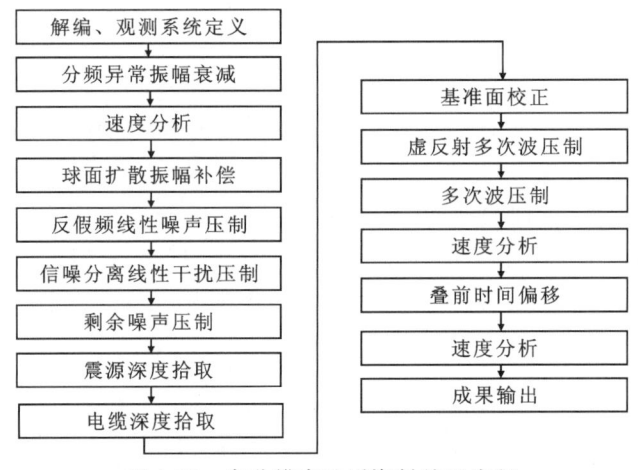

图 4-25　高分辨率地震资料处理流程

4.4.2 噪声压制

根据 4.2 节分析,原始数据中包含低频背景噪声、线性干扰、工业干扰和异常振幅 4 种噪声,分别针对各自的特点,采用针对性的噪声压制技术。

1)低频背景噪声压制

海上地震数据采集受环境因素的影响,常在低频段存在明显的背景噪声。这类噪声的特点是频率低、振幅大,所有道记录及其时间序列均表现出高度一致性,其振幅的时空变化特征与涌浪特征一致,具有强度大、持续性强的特点,普遍存在于所有炮集记录中。传统处理方法采用 40Hz 低通滤波,虽能去除背景噪声,但同时也切除了对 BSR 识别至关重要的低频有效信号。因此,采用奇异值分解方法进行噪声压制,在有效去除背景噪声的同时,最大限度地保护低频有效信号。假设存在一个二维的地震数据 X,其有 m 道观测值,每道有 n 个采样点数据($m<n$),用 S 表示其中有效信号矩阵,N 表示噪声矩阵,X 即为

$$\underset{(m\times n)}{\boldsymbol{X}} = \underset{(m\times m)}{\boldsymbol{S}} + \underset{(n\times n)}{\boldsymbol{N}} \tag{4-8}$$

接着对 $\boldsymbol{X}$ 进行奇异值分解，利用式(4-8)可得到

$$\boldsymbol{X} = \boldsymbol{U}\sum\boldsymbol{V}^T = [u_1, u_1, \cdots, u_1] \begin{bmatrix} \sigma_1 & 0 & \cdots & 0 & 0 & \cdots & 0 \\ 0 & \sigma_2 & 0 & 0 & 0 & \cdots & 0 \\ \vdots & \vdots & \ddots & \vdots & \vdots & \ddots & \vdots \\ 0 & 0 & \cdots & \sigma_m & 0 & \cdots & 0 \end{bmatrix} \tag{4-9}$$

$$[v_1, v_2, \cdots, v_n]^T$$

式中：$\boldsymbol{U}$、$\boldsymbol{V}$ 分别为左右奇异矩阵；$\sum$ 为奇异值矩阵。

由式(4-8)和奇异值分解 $\sigma_1 \geqslant \sigma_2 \geqslant \cdots \geqslant \sigma_m \geqslant 0$ 的性质，可以将式(4-9)用另一种方式表达为

$$\boldsymbol{X} = [\boldsymbol{U}_S, \boldsymbol{U}_N] \begin{bmatrix} \sum_S & 0 & 0 \\ 0 & \sum_N & 0 \end{bmatrix} \tag{4-10}$$

在奇异值矩阵中，$\sum_S = \mathrm{diag}[\sigma_{p+1}, \sigma_{p+2}, \cdots, \sigma_m]$ 就是地震记录中信号矩阵的奇异值。

其中，$p = \mathrm{Rand}(\boldsymbol{S})$ 就是信号矩阵的秩，即信号空间的维数。因此，为了完全保真有效信号，就必须进行不小于 p 阶的重构，将矩阵 $\boldsymbol{X}$ 的奇异值截断，较大的奇异值主要反映信号，较小的奇异值则主要反映噪声，把这部分反映噪声的奇异值舍去，就可以去除信号中的噪声，进行 P 阶的重构就可完全恢复信号：

$$F_p(X) = \sum_{i=1}^{p} \sigma_i u_i v_i^{\mathrm{T}} \tag{4-11}$$

由以上原理可知，利用背景噪声与有效信号在奇异值分布上的显著差异，可实现对背景噪声的压制。图 4-26 为炮集记录低频端的背景噪声压制前后的对比，图 4-27、图 4-28 为低频背景噪声压制前后叠加剖面对比，可以看出，压制后的炮集和叠加剖面均很好地保留了有效地层信息。

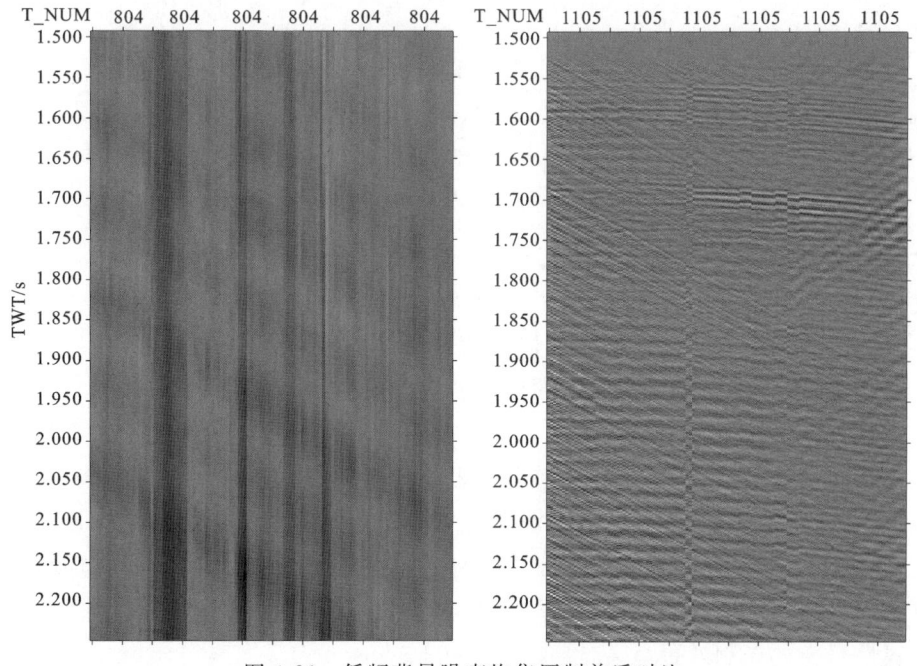

图 4-26 低频背景噪声炮集压制前后对比

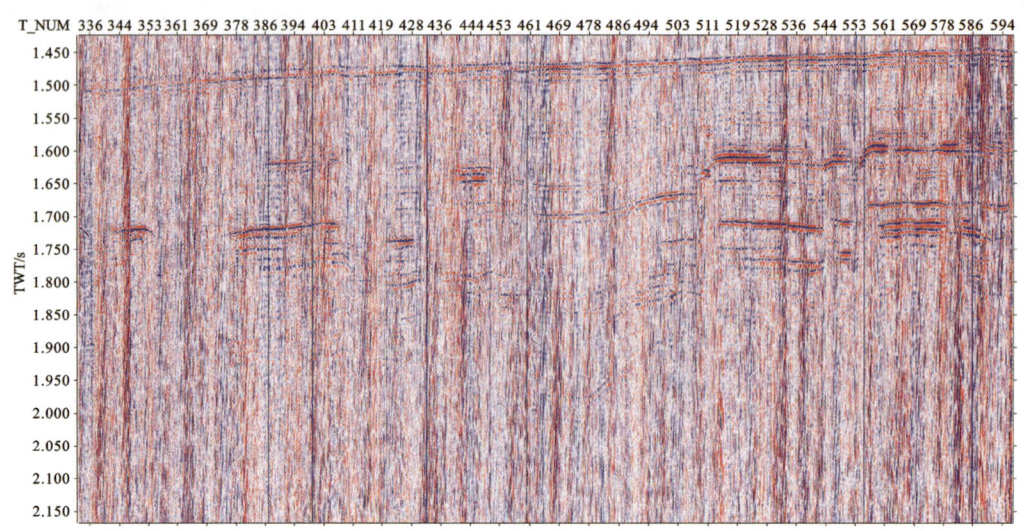

图 4-27　低频背景噪声压制前的叠加剖面

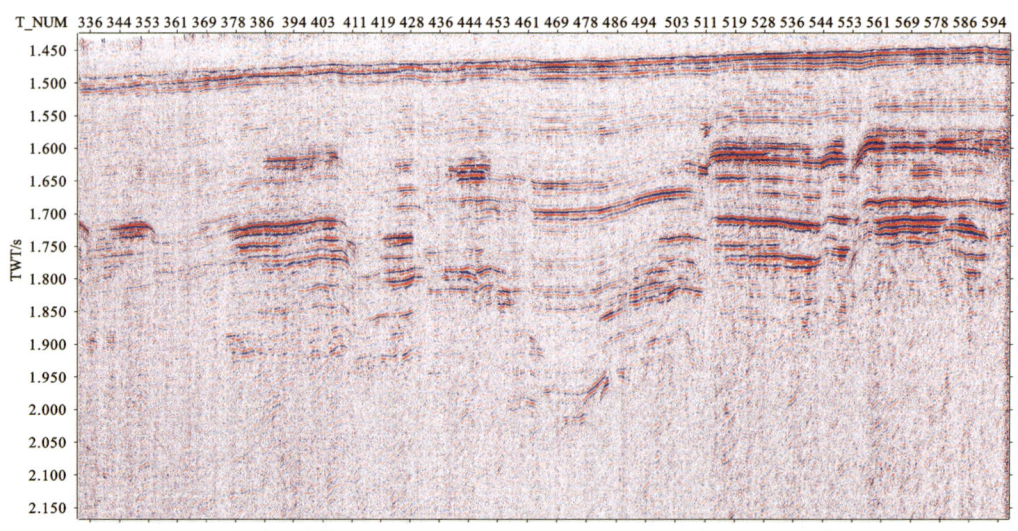

图 4-28　低频背景噪声压制后的叠加剖面

2）分频异常振幅、工业干扰压制

针对地震数据中出现的异常振幅、工业干扰等强能量噪声，在不同的频段内，以加权中值为参量，自动识别出噪声，并根据噪声与信号的数值关系，计算出加权曲线，对噪声进行衰减，然后重构地震记录，异常振幅压制前后的单炮和叠加见图 4-29～图 4-31。

3）反假频线性干扰压制

电火花震源资料受施工船影响，普遍存在显著的高频线性噪声。该类噪声在单炮记录中呈现大倾角、高频率的特征，与有效波形成明显差异。通过分析线性噪声的速度特征，采用线性动校正处理，可使噪声倾角趋近于零，从而有效消除假频现象，实现信号与噪声的精准分离。该方法能够高效提取高频、大倾角线性噪声，达到理想的噪声压制效果。处理结果表明，该方法对线性噪声的压制效果显著（图 4-32～图 4-34）。

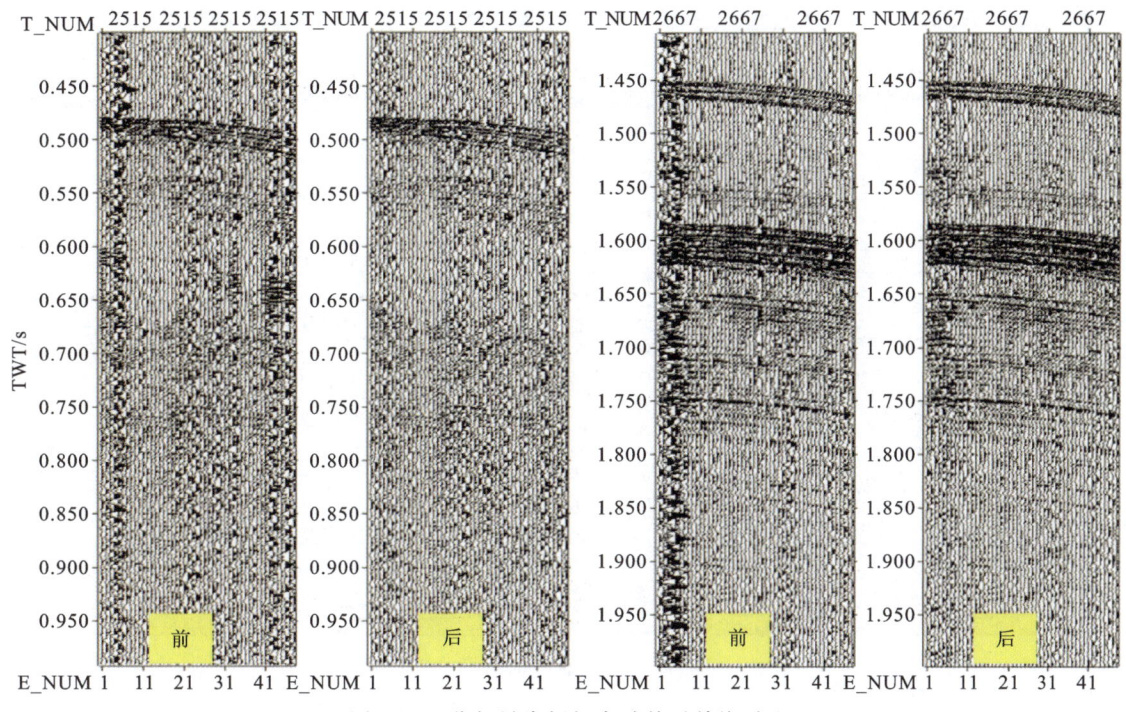

图 4-29 分频异常振幅衰减前后单炮对比

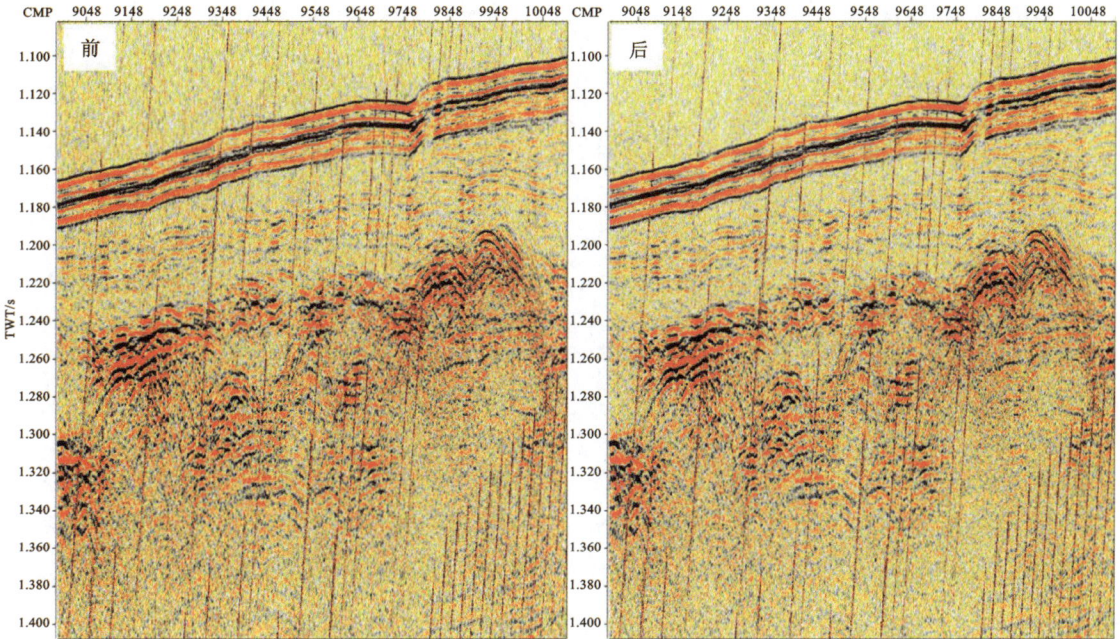

图 4-30 分频异常振幅衰减前后叠加对比示例 1

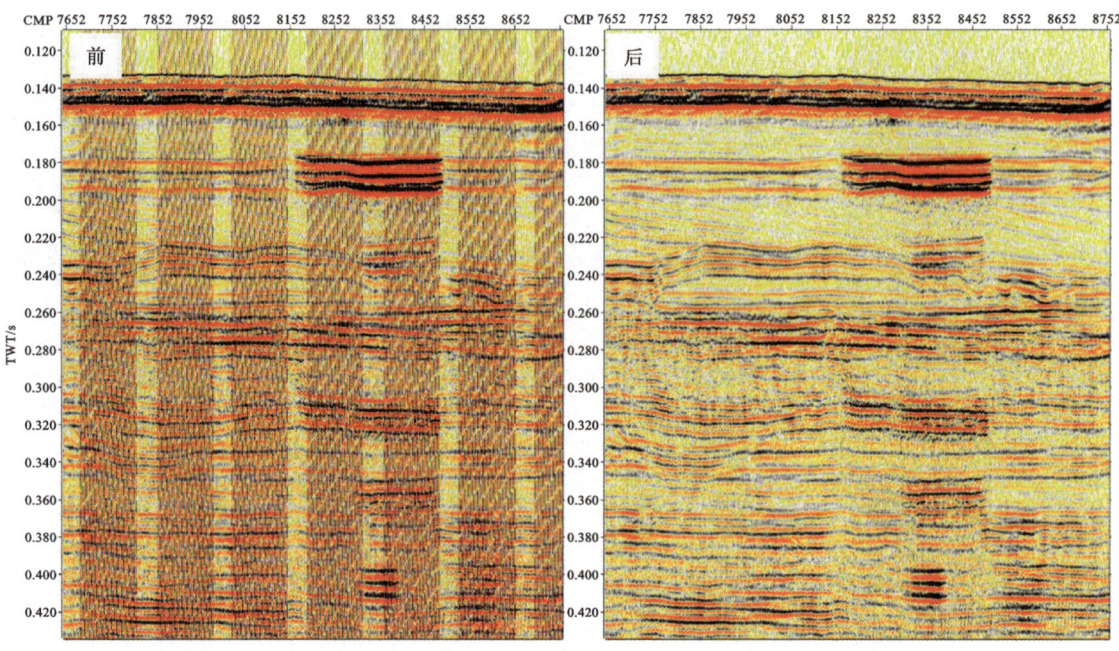

图 4-31 分频异常振幅衰减前后叠加对比示例 2

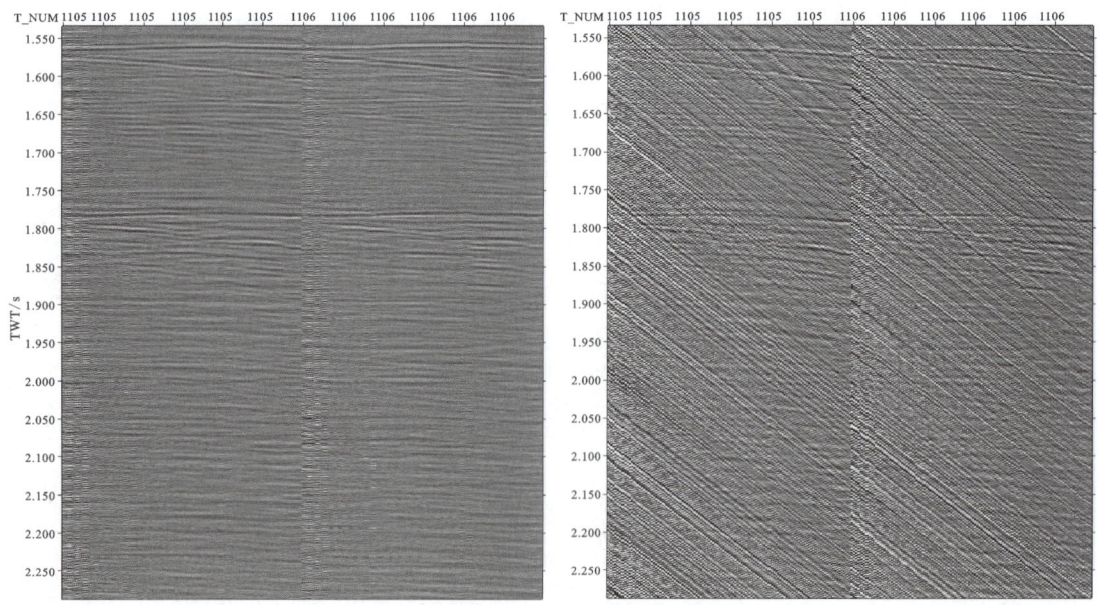

图 4-32 线性噪声压制前后单炮对比

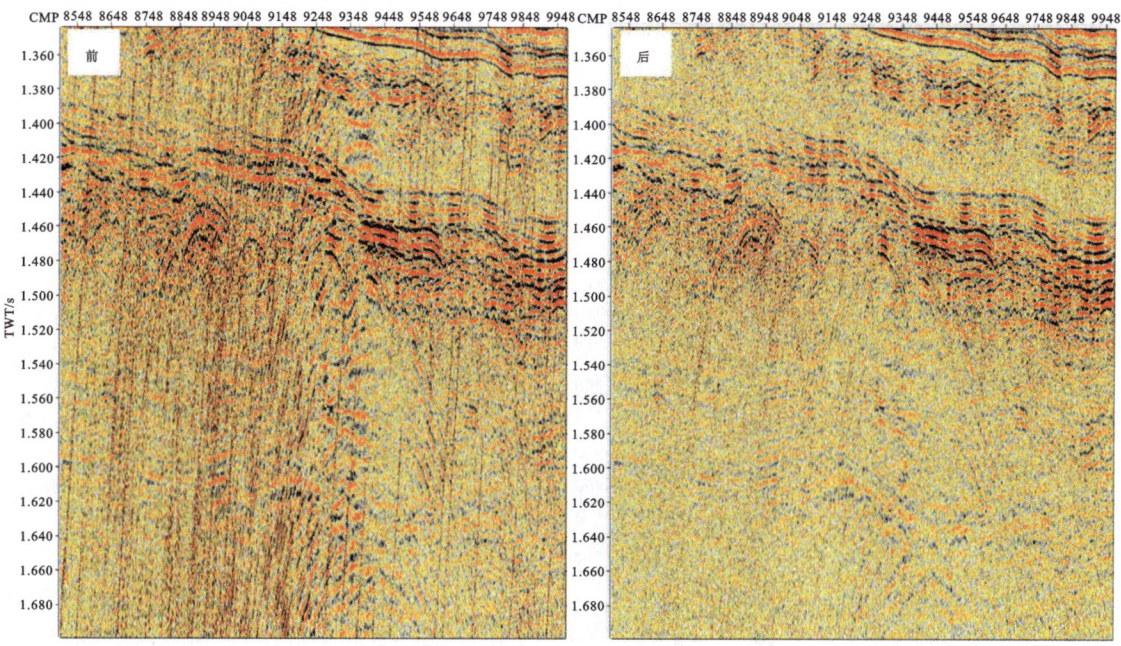

图 4-33 线性噪声压制前后叠加对比示例 1

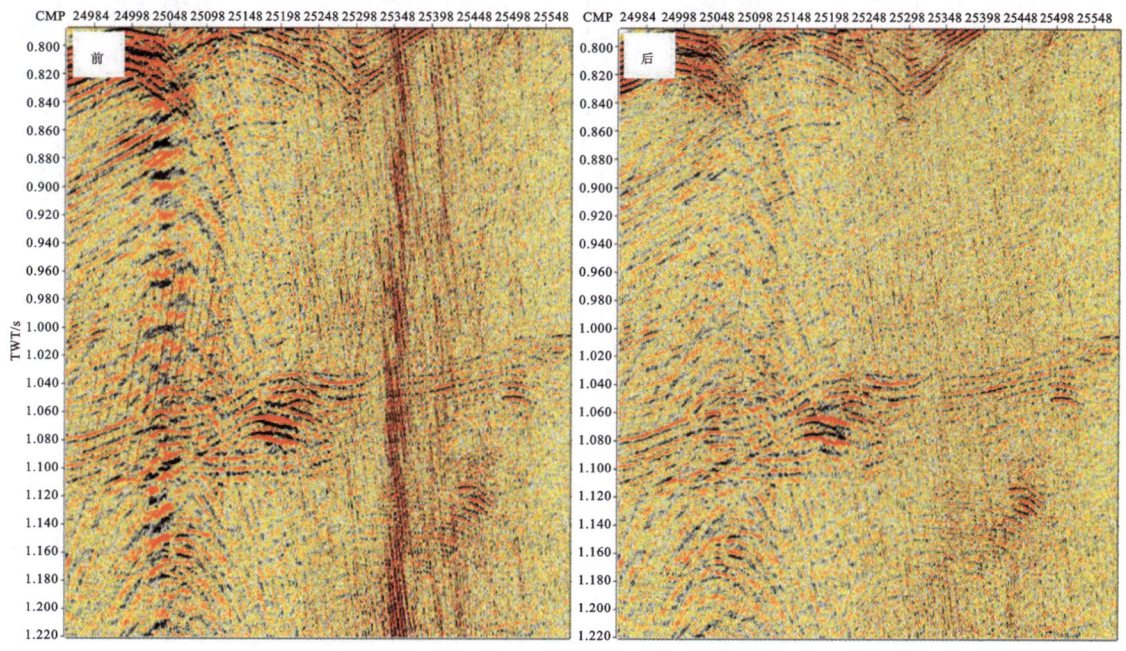

图 4-34 线性噪声压制前后叠加对比示例 2

4.4.3 球面扩散振幅补偿

几何球面扩散能量补偿主要补偿地震波在纵向传播过程中的能量衰减,使用研究区实际速度作为振幅补偿曲线进行球面扩散补偿。具体做法是采用叠加速度平滑建立速度场,根据球面扩散原理补偿地震波在纵向传播过程中的能量衰减。图 4-35 为球面扩散振幅补偿前后的单炮对比。

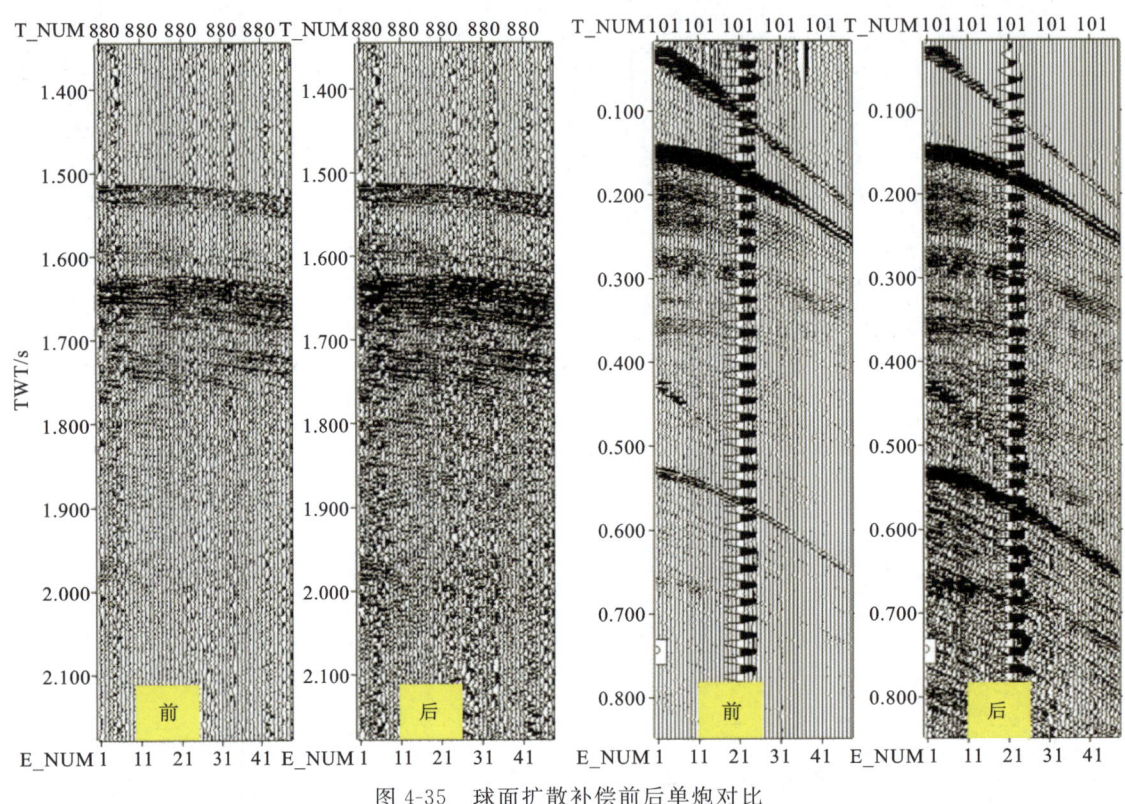

图 4-35 球面扩散补偿前后单炮对比

4.4.4 时差校正

前文分析了震源和电缆沉放深度时差校正,由于电火花震源最大偏移距小,地震波传播近似垂直传播,因此时差校正量可根据电缆深度除以水速来获得。通过虚反射拾取进行基准面校正,将其校正到海平面深度。

受施工环境影响,在进行电缆虚反射拾取时,发现同一条测线内不同炮的电缆虚反射表现差异很大,如图 4-36 所示。针对这种情况,为了得到每一炮的精确电缆虚反射,我们将每条测线中的道号置为 inline,炮号为 Xline 号,这样每条测线就成为一个三维体,在每个三维体中,拾取主反射与电缆虚反射,相当于三维体中两个层位的拾取。对于震源虚反射时间的拾取,由于震源深度在同一炮内是相对稳定的,因此,震源虚反射时间的拾取可在共道域内进行,如图 4-37 所示。

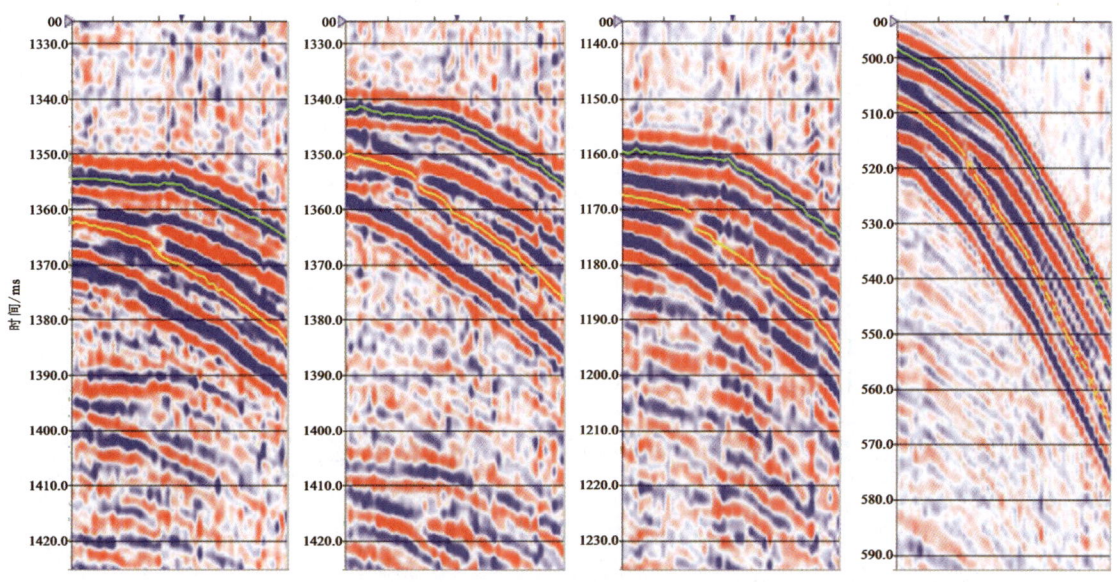

图 4-36 电缆虚反射拾取示意图

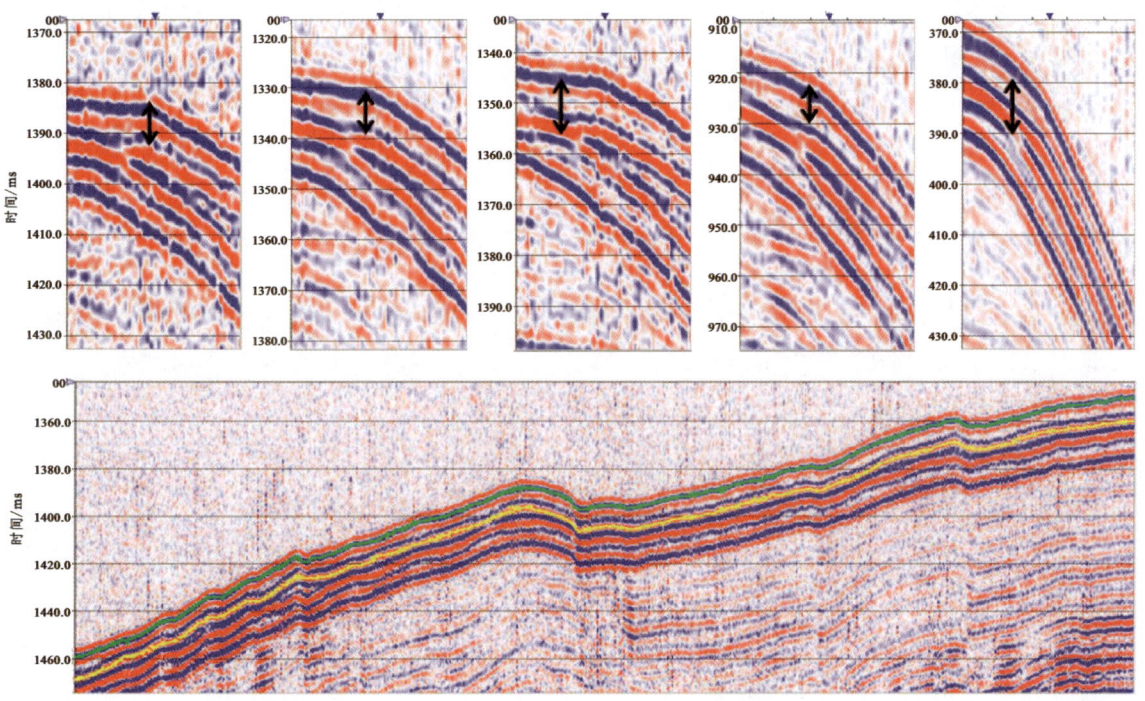

图 4-37 同一条测线炮点虚反射差异及共道域拾取炮点虚反射

海洋地震勘探受复杂施工环境、地质条件及采集参数等多重因素制约,所获资料常表现为信噪比偏低或波场结构复杂,这给虚反射的准确拾取带来了巨大的挑战。虚反射拾取的精度直接影响最终成像质量。针对这一技术难题,采用多维度综合分析策略,在炮域和共道域同时开展观测,综合分析相邻多个炮集和道集数据,从而实现虚反射的准确拾取。

在拾取主反射与炮点、电缆的虚反射时间后,首先需要对地震数据进行时差校正,从而校正由电缆不平造成的地震反射不同相叠加。图 4-38 分别显示了两条测线在电缆时差校正前后的对比,校正前海底反射明显上翘;校正后海底反射被基本校平,这在一个电缆长度(293.75m)内明显是更符合实际情况的。校正前后的叠加如图 4-39 和图 4-40 所示,可见校正后叠加同相轴能量聚焦,信噪比、分辨率明显提高。

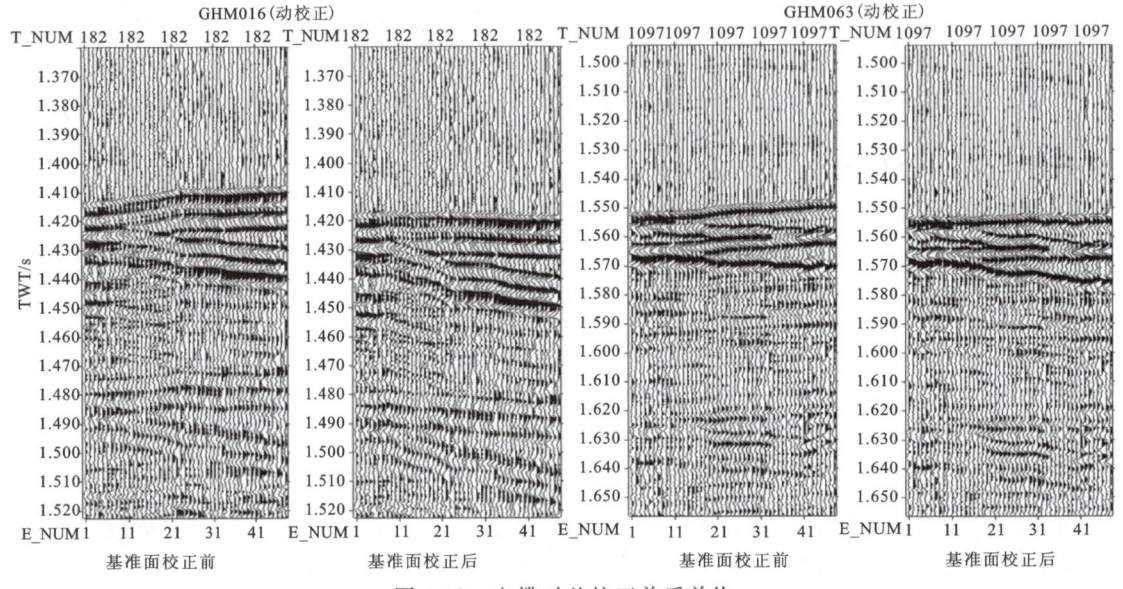

图 4-38 电缆时差校正前后单炮

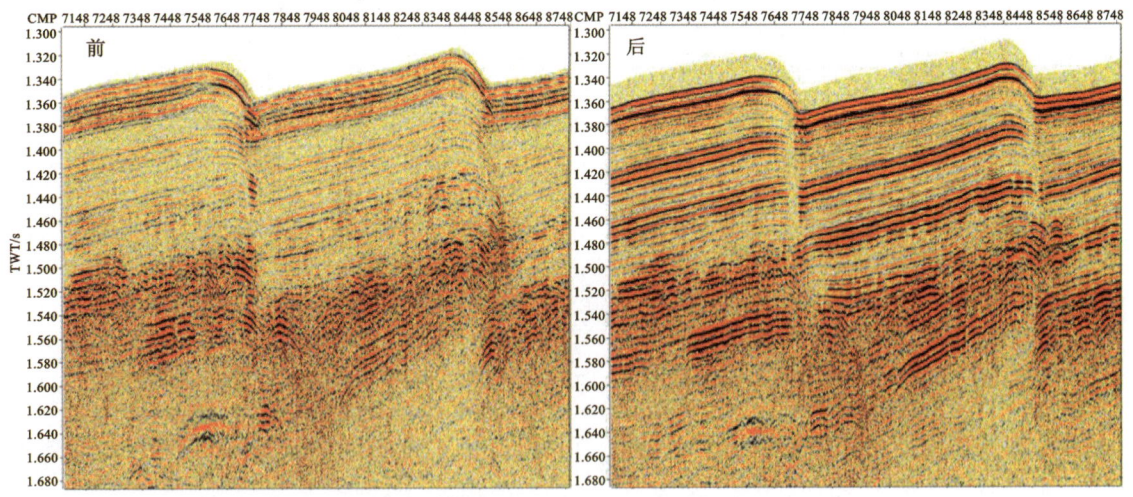

图 4-39 电缆时差校正前后叠加剖面示例 1

4.4.5 多次波压制

研究区海底水深跨度比较大,水深 90~1200m,浅水多次波可能会影响到浅层水合物的识别,因此需要对多次波进行有效压制。采用的多次波压制方法是确定性海底多次波预测

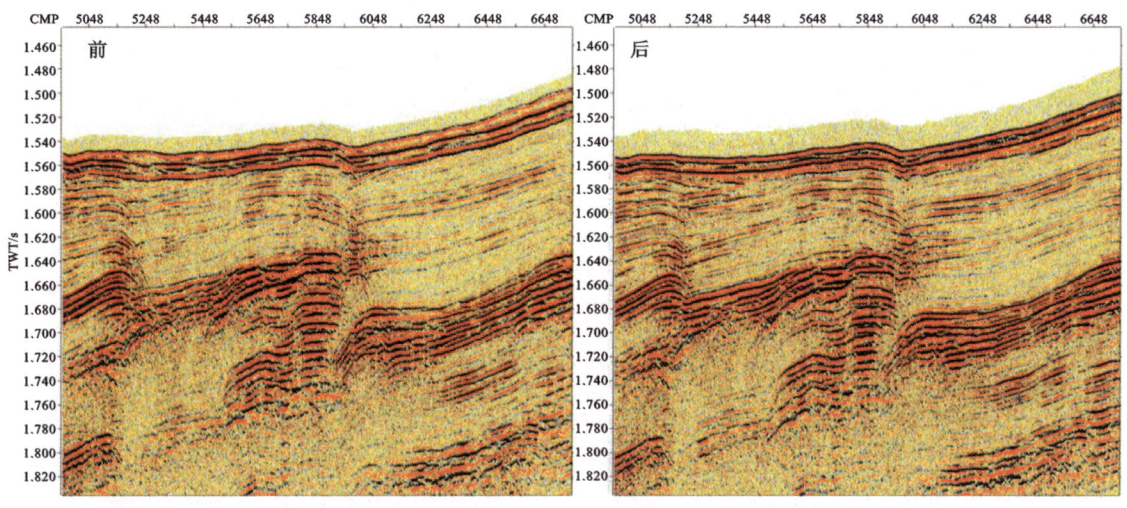

图 4-40 电缆时差校正前后叠加剖面示例 2

(DWMP),它是目前压制可预测性多次波较为成熟的方法,由一次波通过波动原理预测多次波,并采用自适应减去法从地震记录中减掉多次波,从而达到压制多次波的目的。图 4-41 为多次波压制前后的叠加剖面对比。

4.4.6 虚反射多次波压制

1) F-K 域虚反射压制

采用 4.3 节介绍的 F-K 域虚反射压制技术,针对检波点和炮点虚反射,分别在炮域和共检波点域进行压制,从而消除虚反射效应,改善剖面波阻特征,拓展频谱宽度。图 4-42 为 F-K

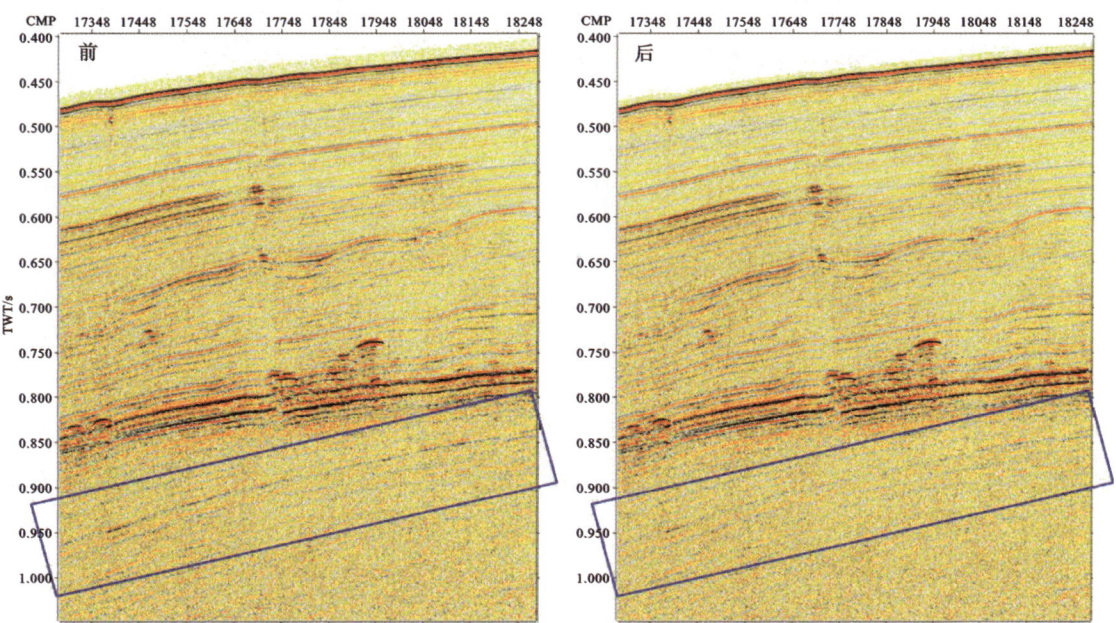

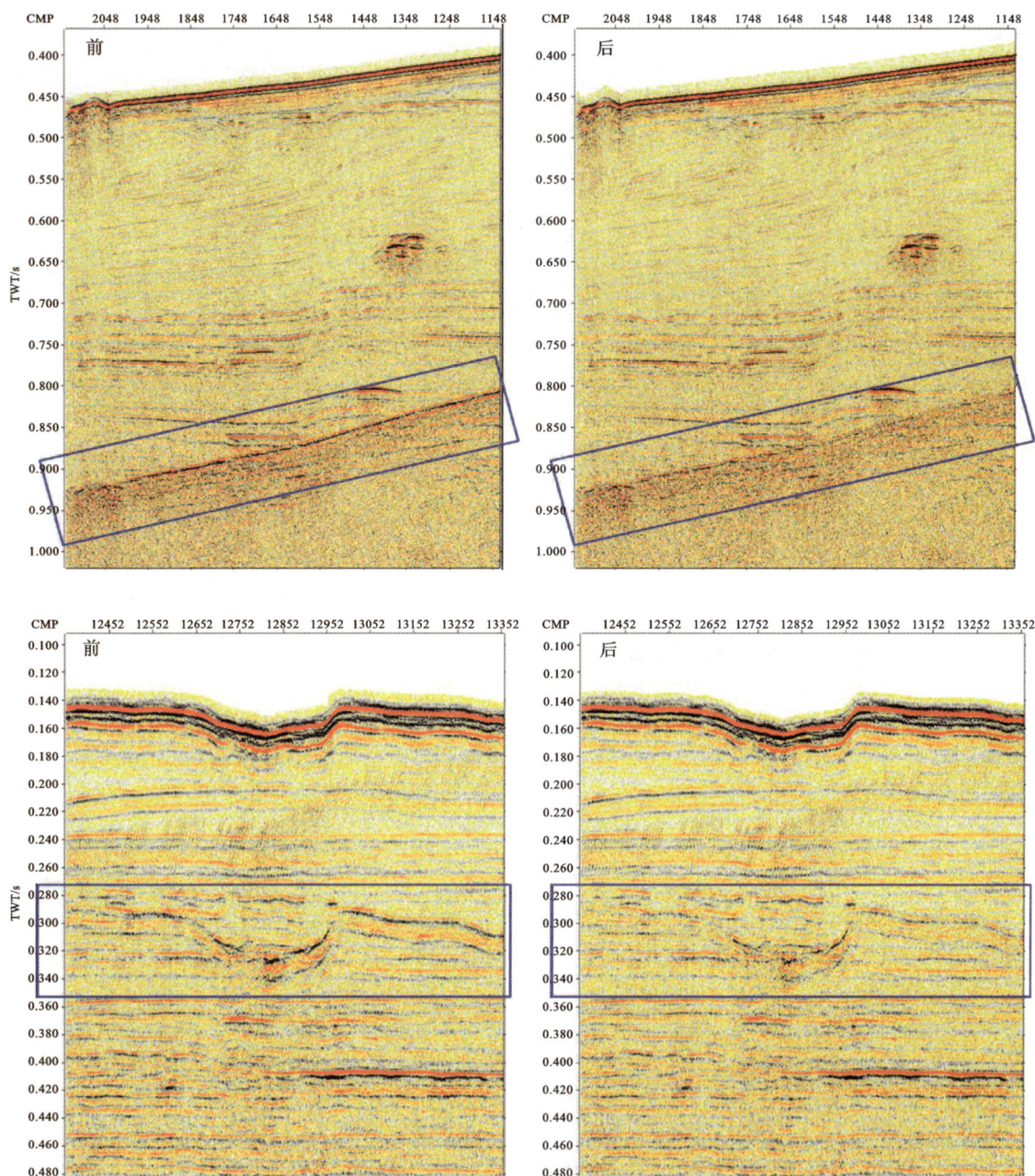

图 4-41 DWMP 压制多次波前后叠加对比

域虚反射压制前后的单炮对比,图 4-43 和图 4-44 为虚反射压制前后的叠加对比,从压制效果看,虚反射得到了有效压制,消除或减弱了一次反射伴随的"双眼皮""多眼皮"现象,提高了 BSR 的成像质量与剖面的波组特征。

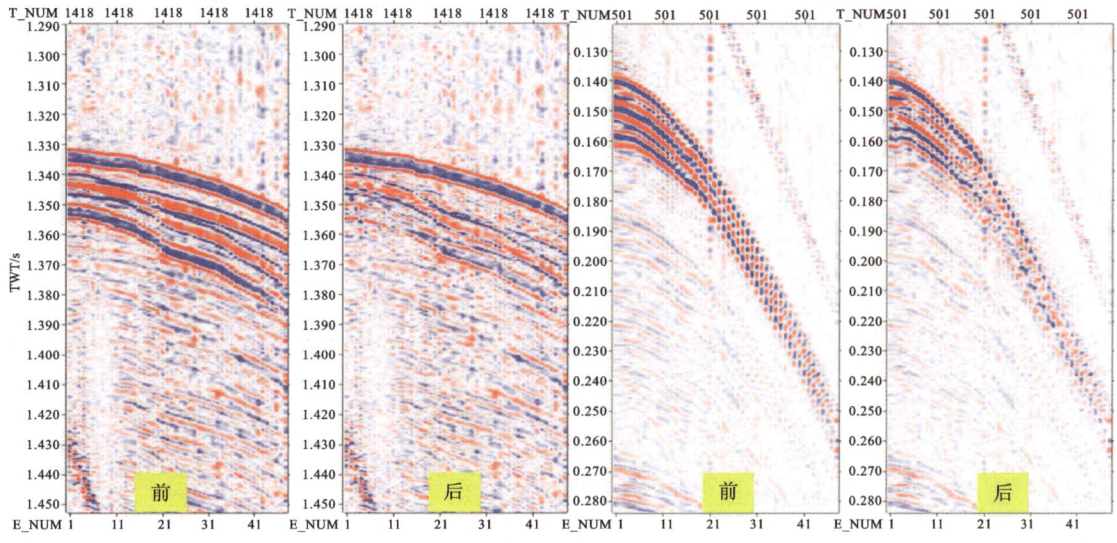

图 4-42 F-K 域虚反射多次波压制前后单炮对比

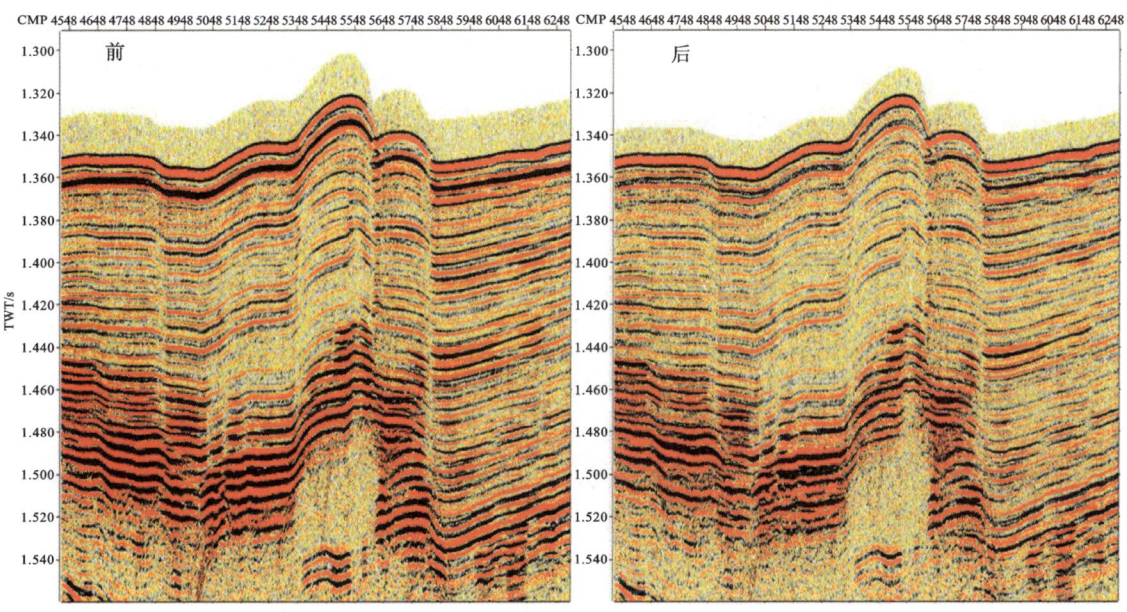

图 4-43 F-K 域虚反射多次波压制前后叠加示例 1

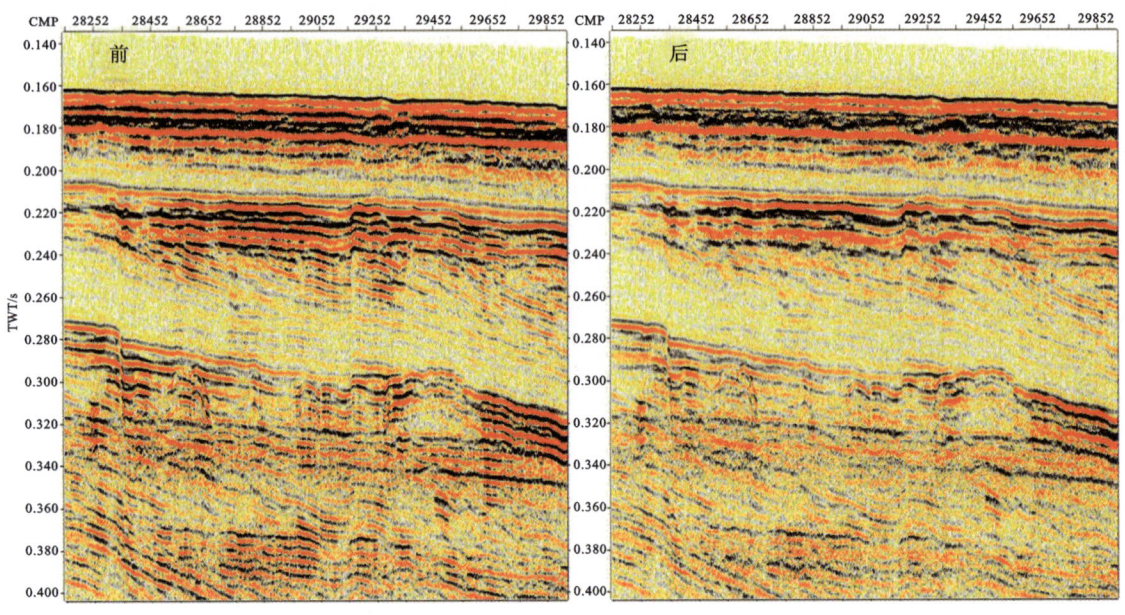

图 4-44　F-K 域虚反射多次波压制前后叠加示例 2

2）预测反褶积

预测反褶积可以进一步压制短周期虚反射多次波，在虚反射压制以后有效反射能量得以恢复，提高了 BSR 的成像质量。图 4-45 是图 4-42 所示两条测线预测反褶积前后的单炮对比显示，可见虚反射进一步被压制。图 4-46 和图 4-47 是预测反褶积前后叠加对比，波组特征更加清楚，也更有利于 BSR 的识别。

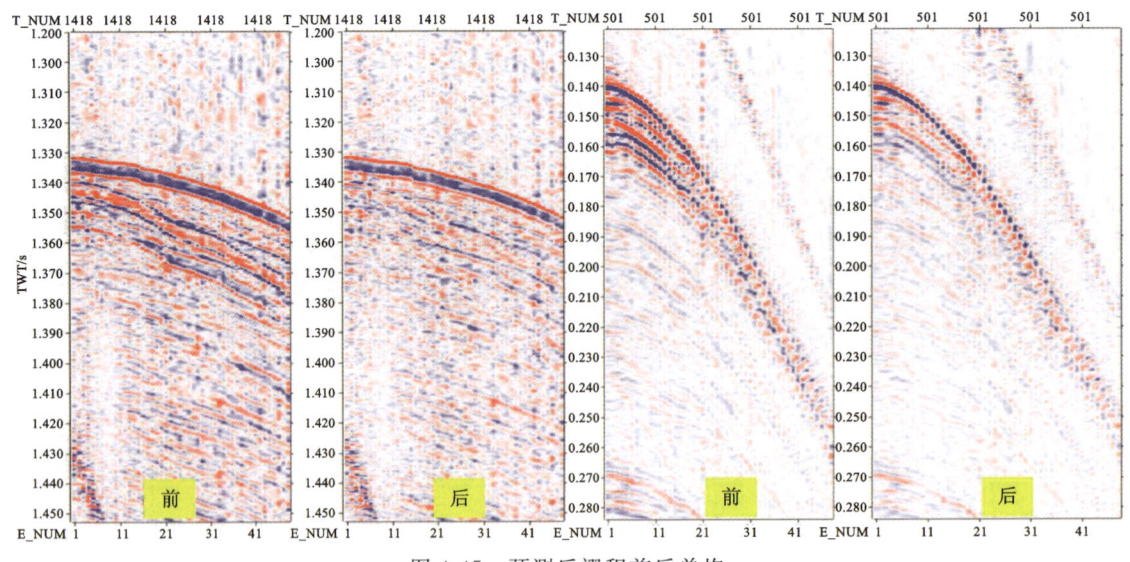

图 4-45　预测反褶积前后单炮

4 电火花震源高分辨率地震数据处理

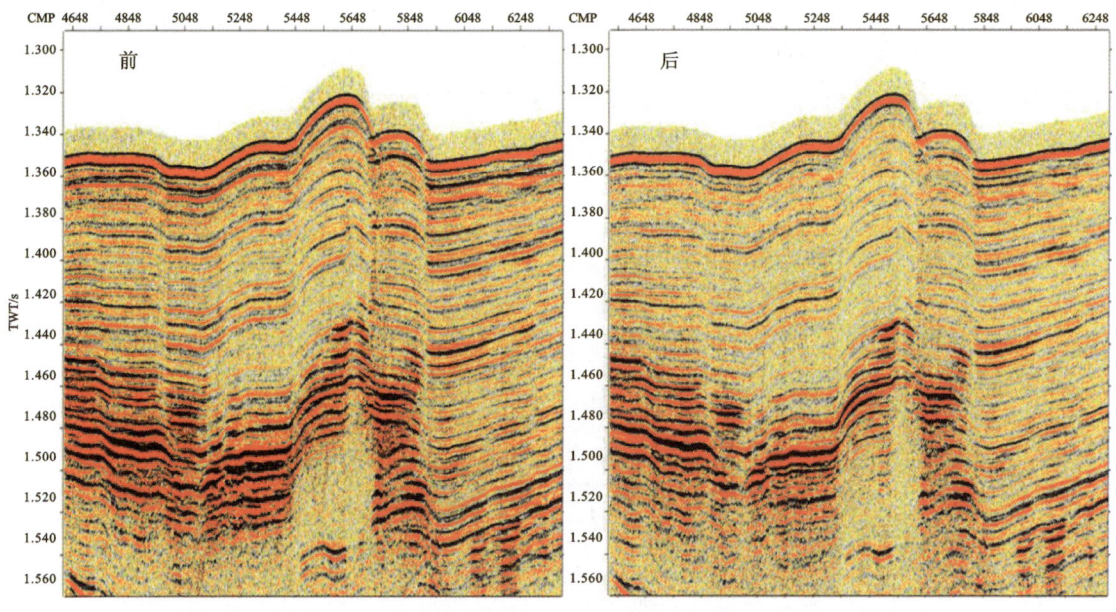

图 4-46　预测反褶积前后叠加示例 1

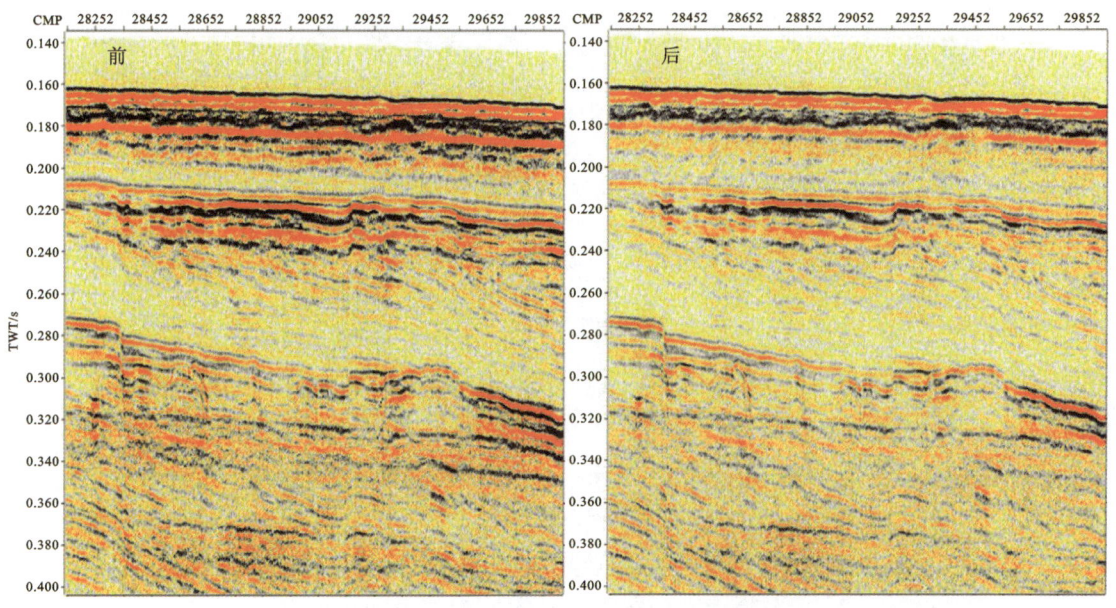

图 4-47　预测反褶积前后叠加示例 2

4.4.7　精细速度分析

地震波在地下岩层介质中的传播速度是地震资料处理和解释过程中非常重要的参数,速度参数可以提供构造特征和岩性信息,也是水合物识别的重要指标,因此,获取准确的速度参数是地震资料处理的关键,尤其对于高分辨率地震勘探技术而言,速度分析的精度直接影响地震分辨率。

电缆时差校正将数据统一基准面,提高 CMP 叠加效果及速度分析精度,虚反射的压制使得有效信号分辨率提高,因此在此基础上对速度谱进行分析,更有利于提高速度分析的精度。因此,在电缆时差校正和虚反射压制的技术上,采用 4.3 节提出的基于地震模型学相似性原则的精细速度分析技术,对 CMP 道集进行等比例调整,从而进行精细速度分析。如图 4-48 所示,调整后的 CMP 道集内能够同相叠加,能量团更为集中,速度分析精度更高。

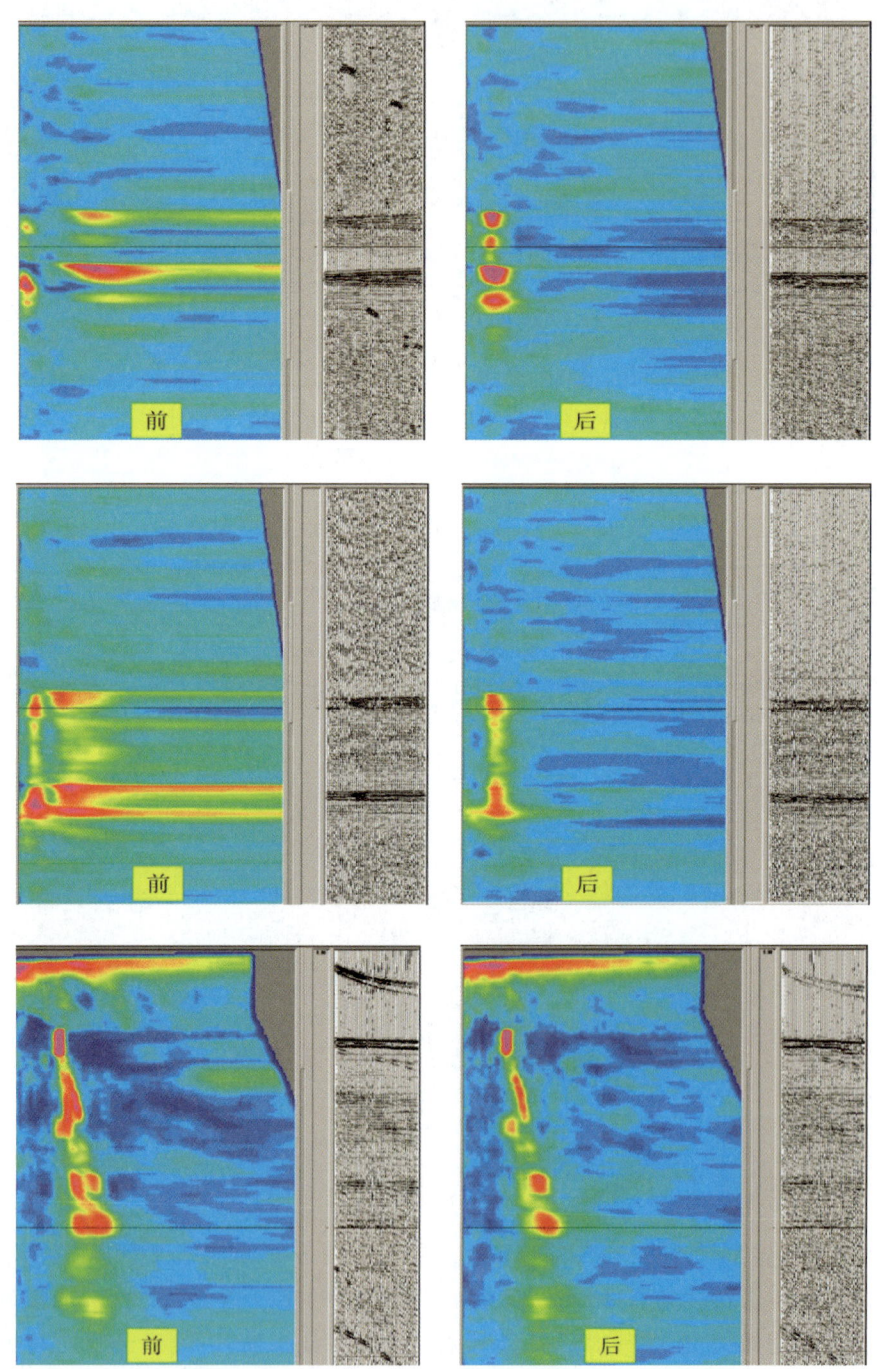

图 4-48　CMP 道集基于地震模型学相似性原理调整前后的速度谱对比

4.4.8 保幅处理

为了突出水合物的地震响应特征,在处理中都需采用保幅处理手段,在处理过程中每一步都要对单炮与叠加的频率、能量进行质控。从地震资料处理过程中各处理步骤的结果对比来看,经过采用针对性的处理流程和参数后,地震剖面在提高信噪比,改善波组特征的同时,做到了保幅处理,如图 4-49 所示。

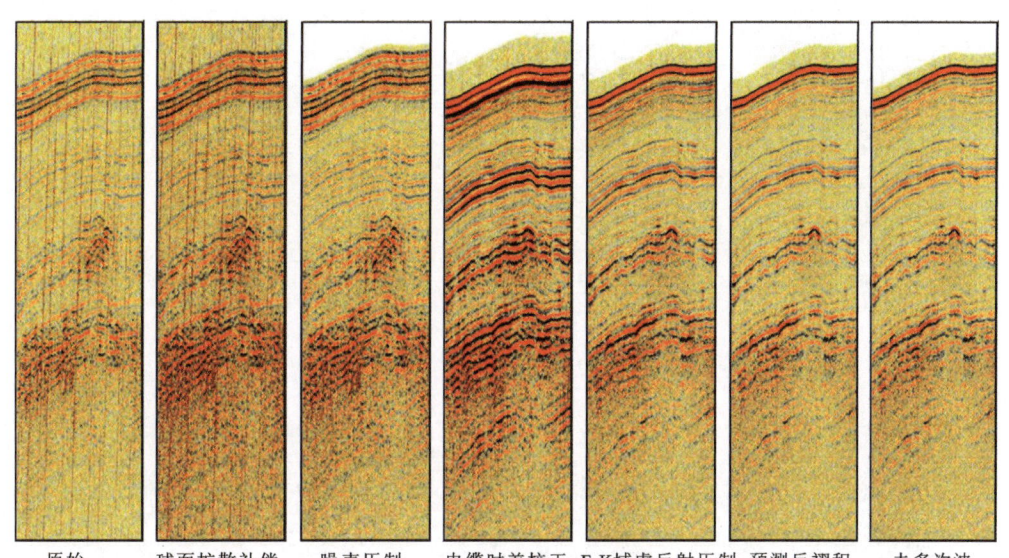

图 4-49　信号处理保幅质控

4.4.9 叠前时间偏移

叠前时间偏移技术是解决速度拾取与复杂构造成像矛盾的有效方法。相比叠后偏移,该方法通过实现共反射点叠加,显著提升了断层边界和断面的成像清晰度,尤其在解决陡倾角构造的偏移归位问题上具有明显优势。其核心算法采用弯曲射线 Kirchhoff 叠前时间偏移处理技术,充分考虑了横向和纵向速度变化引起的地震波射线弯曲效应。然而,该方法也存在计算效率较低、对偏移速度精度要求较高等局限性。

为了提升高分辨地震数据的成像精度,采用了叠前时间偏移处理技术。首先,根据 CMP 道间距确定偏移距分组间隔,确保共偏移距剖面空间 CMP 点分布均匀。其次,进行偏移孔径试验,偏移孔径由偏移归位最大倾角、偏移层速度和目的层深度决定。通过对不同偏移归位倾角扫描来确定不同时间目的层的角度,不同偏移距的孔径会有所不同,即偏移距越大,孔径也会有所变大。最后,利用多种速度分析手段综合进行偏移速度迭代,在解决相对高信噪比资料的速度场后,对速度变化复杂区域开展速度扫描与高精度速度分析来确定偏移速度。图 4-50 为一组叠前时间偏移剖面,经叠前时间偏移处理后,地质现象较为清晰,有效突出了海底及水合物地震响应特征,提高了水合物识别精度。

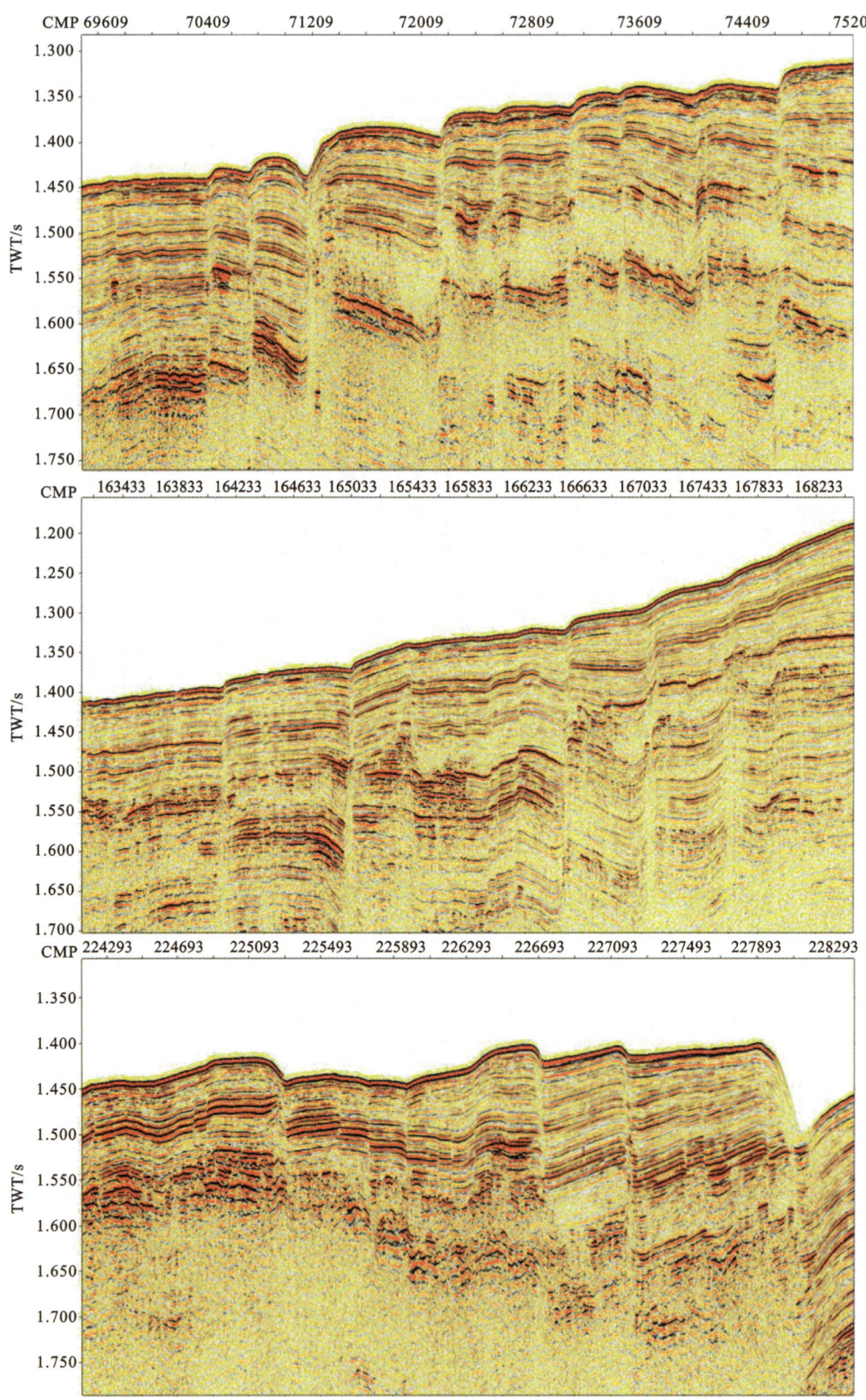

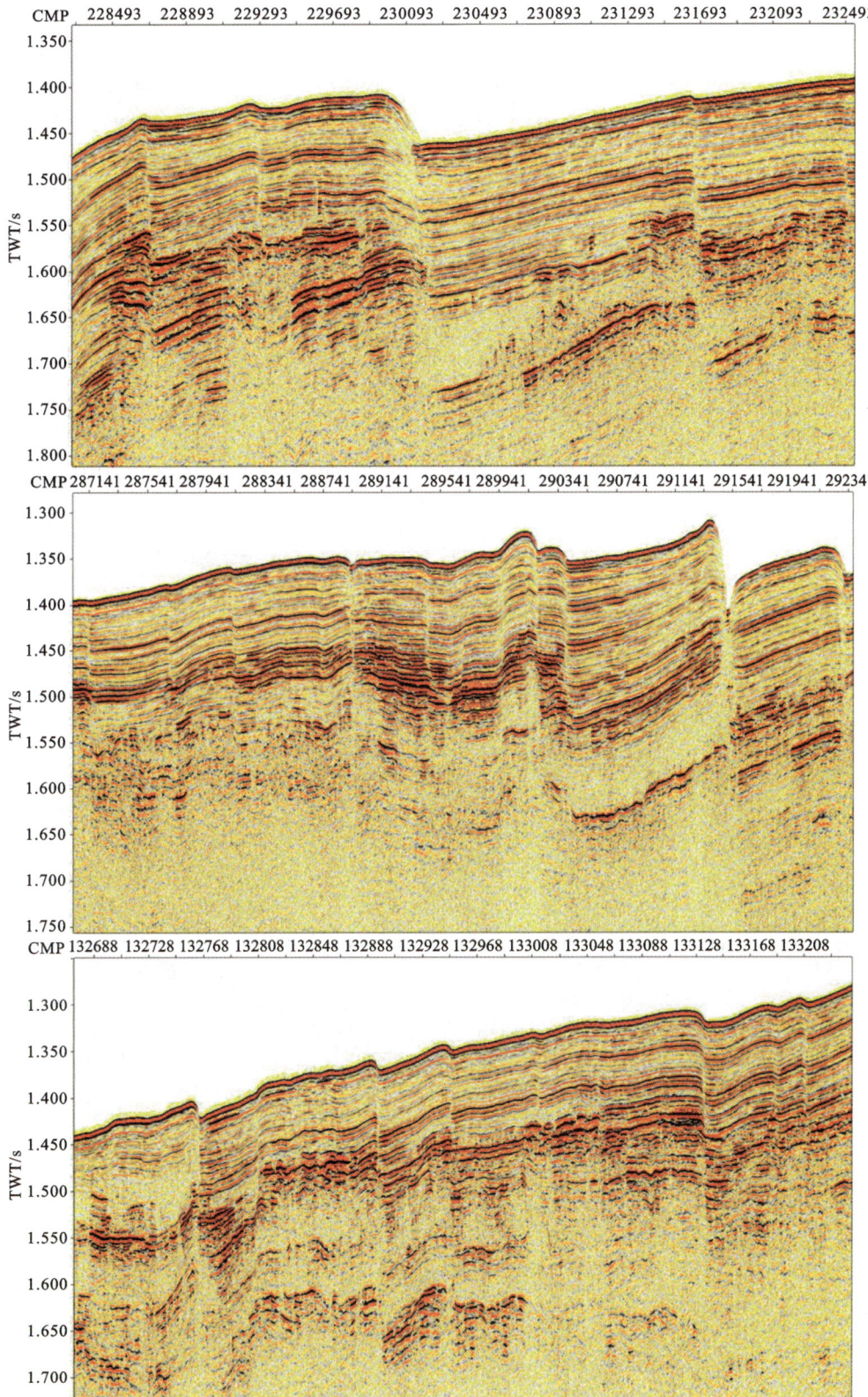

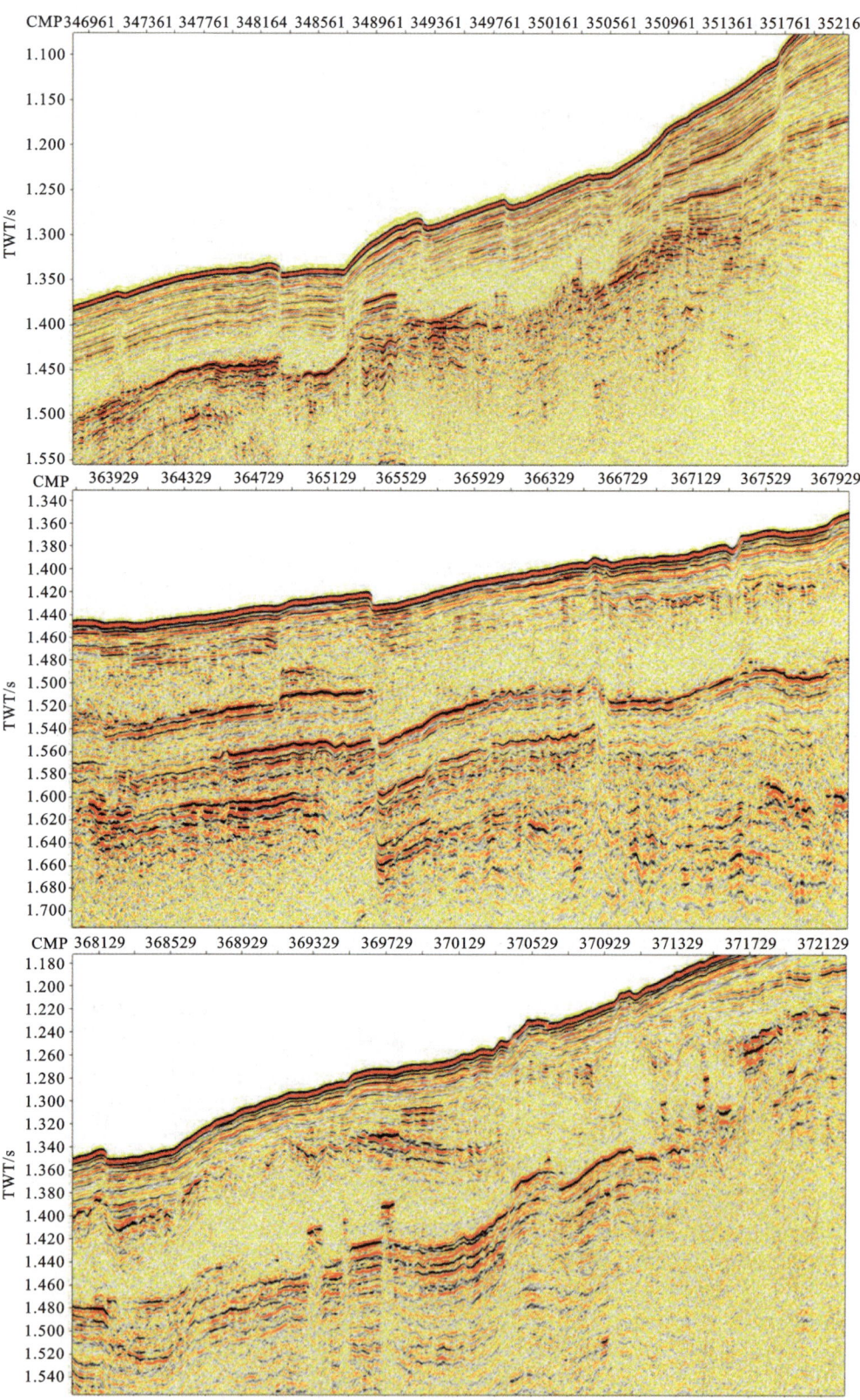

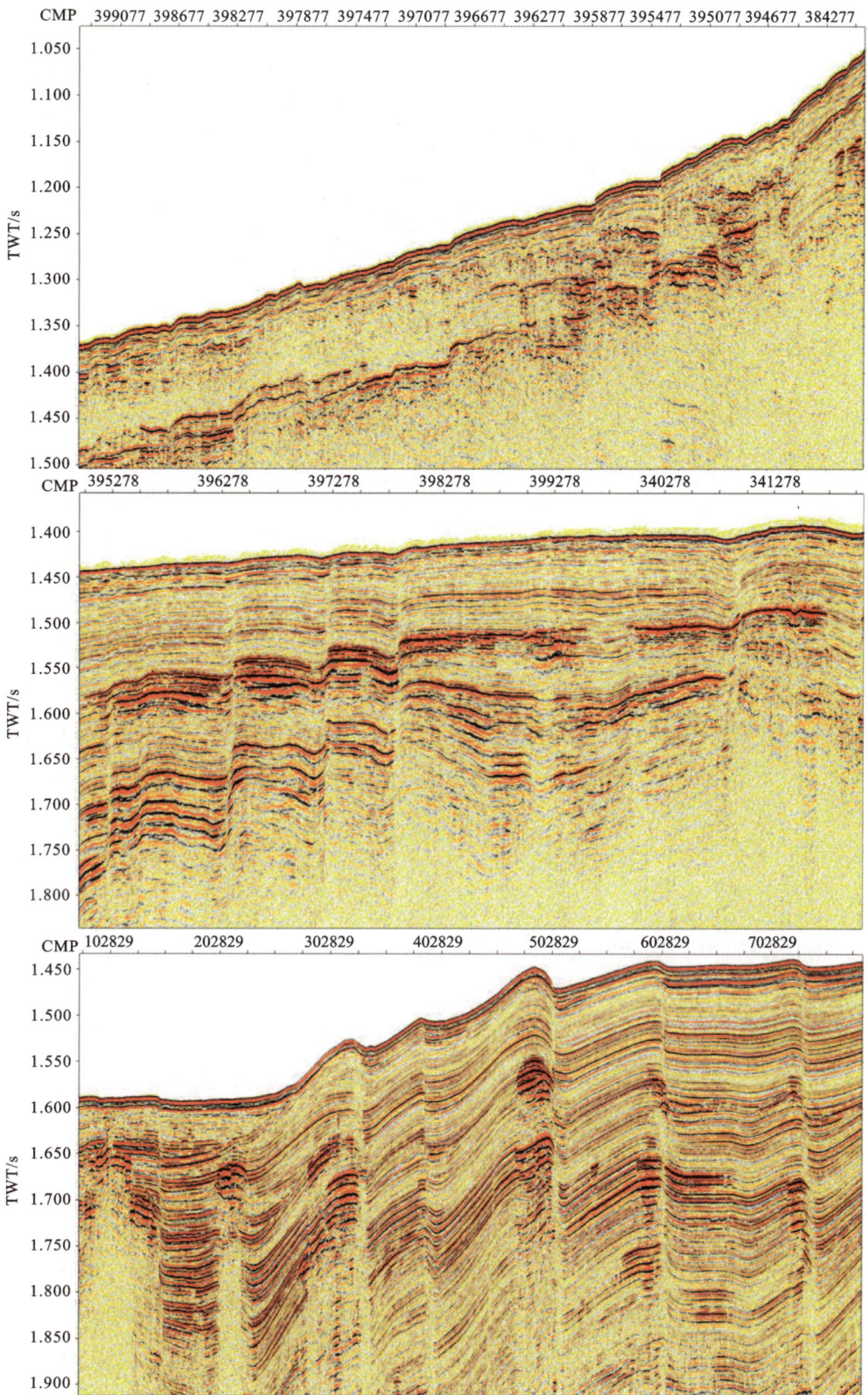

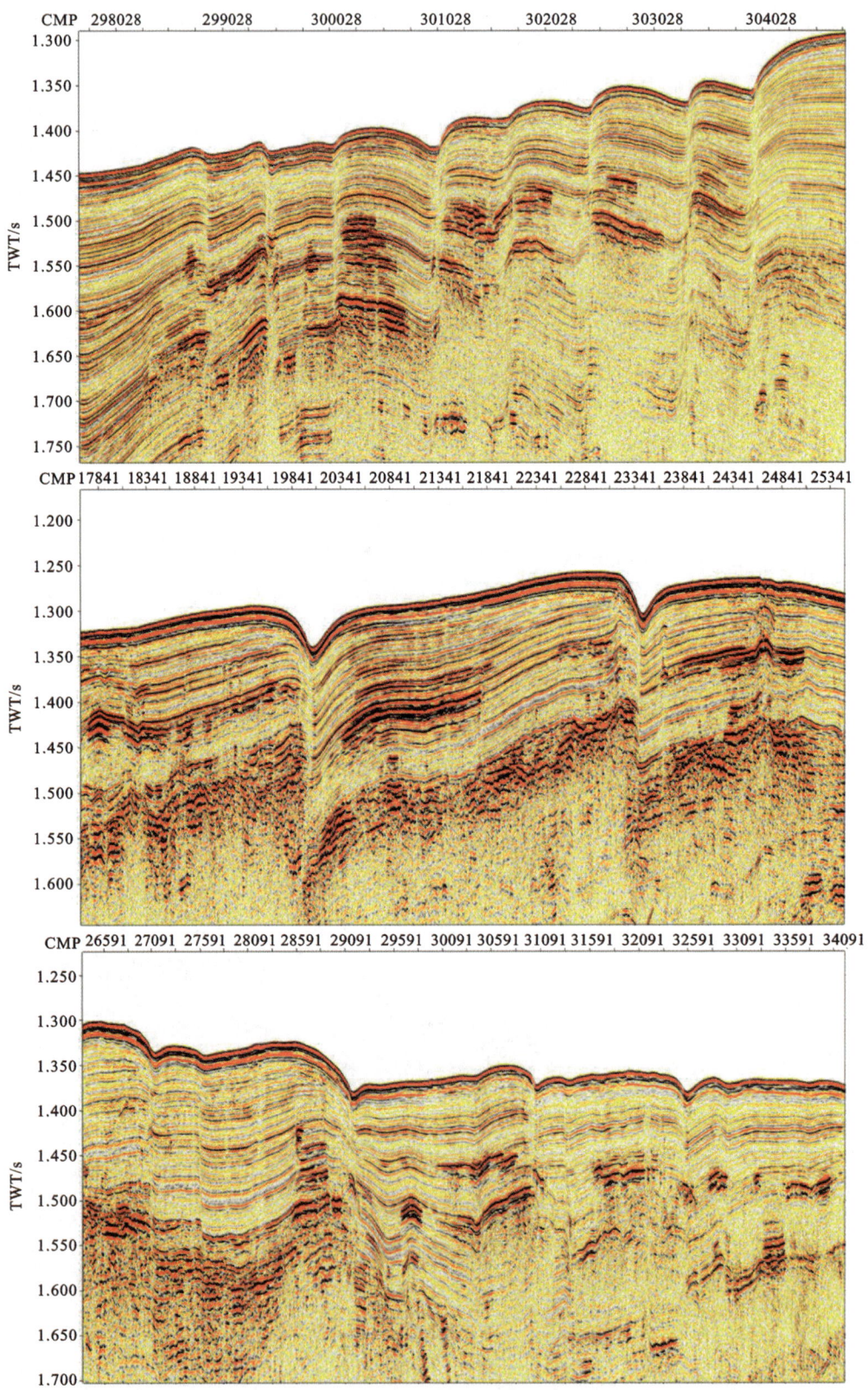

图 4-50 叠前时间偏移剖面

5 电火花震源高分辨率地震勘查技术应用

5.1 天然气水合物富集区地震勘查技术

5.1.1 叠后地震属性分析技术

地震属性可以反映储层岩性、流体性质和储层参数的细微变化,是流体识别和储层预测的重要参数(Ismail et al.,2020;Satyavani et al.,2008),利用多种地震属性综合解释可以提高预测精度,在水合物勘查领域应用广泛。

常规地震属性种类繁多,主要分为振幅类属性、频率类属性、相位类属性、吸收衰减属性、波形类属性、反演类属性等,不同属性对不同区域地震资料所反映的地质规律不同。

1)振幅类属性

振幅类属性包括瞬时振幅、均方根振幅、平均绝对振幅、平均能量属性等,主要反映岩性变化和烃类流体的聚集而引起的振幅变化,常用于识别油气藏、矿体、砂岩、河道、碳酸盐岩等。振幅属性与其他属性结合,能够最大程度地提升储层预测的精度,比如甜点属性,是反射强度与瞬时频率均方根的比值,能有效预测深海沉积中的孤立砂体,预测勘探有利区,也是油气藏勘探的有效手段之一。

2)频率类属性

瞬时频率是相位的时间变化率,瞬时频率的变化可以反映地层介质对地震波的吸收衰减特性,这对分析岩性的变化具有重要意义。在天然气水合物赋存的地层中,水合物的存在会影响地层的物理和化学性质,因此瞬时频率的变化可以间接反映水合物对岩性变化的影响,而且水合物下方往往存在游离气,造成地震波高频成分容易被吸收而发生剧烈衰减,因此瞬时频率是识别水合物和游离气的有效参数。

3)相位类属性

瞬时相位是地震剖面上同相轴连续性的量度,无论能量强弱,它的相位都能显示出来,即使弱振幅有效波在瞬时相位图上也能很好地显示出来。当地震波在各向异性的均匀介质中传播时,其相位是连续的;当波在有异常存在的介质中传播时,其相位将在异常位置发生显著变化,在剖面图中明显不连续。因此,利用瞬时相位能够较好地对地下分层和对地下异常进行辨别。当瞬时相位剖面图中出现相位不连续时，就可以判断该处存在分层或异常。地震地层层序和特征的识别有助于断层、尖灭、河道的发现，进一步有利于BSR与地层斜交特征的识别。

4）吸收衰减属性

地震记录的振幅信息通过数学变换可得到地震波的吸收衰减属性。由于岩层的吸收作用，地震信号在实际传播中其高频成分衰减比低频成分要快，随着传播深度增加，地震波频率降低且低频成分丰富。当储层含油气时，这种频率衰减现象更加明显。因此吸收衰减的异常变化可以反映油气的存在，常用衰减Q值表示。

5）波形类属性

波形差异属性可用于识别断层、裂缝带、河道和砂体边界等。峰度属性是描述总体中所有取值分布形态陡缓程度的统计量。这个统计量需要与正态分布相比较，峰度为0表示该总体数据分布与正态分布的陡缓程度相同；峰度大于0表示该总体数据分布与正态分布相比，较为陡峭，为尖顶峰；峰度小于0表示该总体数据分布与正态分布相比，较为平坦，为平顶峰。峰度的绝对值越大表示其分布形态的陡缓程度与正态分布的差异程度越大。峰度属性用于指示含油气储层或其他地质异常体造成的波形、频带等方面的变化。

6）反演类属性

薄层指示属性是从地震数据中提取的反射系数，以此反映地层的薄厚情况，对砂泥岩互层地层中的砂岩段或泥岩段指示效果较好。相对波阻抗属性，通过积分将地震振幅转换成相对波阻抗，可用于识别砂体、地质异常体、岩性尖灭点等。

5.1.2 振幅随偏移距的变化（AVO）属性分析

地震数据的类型可以大致分为叠前和叠后两大类。叠前油气检测属性主要来自AVO测量结果，如AVO叠前反演、AVO孔隙流体识别、AVO统计分析、AVO各向异性分析等。由于AVO技术必须利用叠前地震数据，因而计算和分析的工作量很大。另外，叠前道集的近偏移距反射能量弱、大偏移距存在一定的拉伸畸变等缺陷，给AVO分析带来一定的困难和影响。因此AVO技术（尤其是三维AVO技术）未能得到大范围的推广应用。叠后地震油气检测利用的是含油气储层在叠后地震数据上表现出的异常，通过这些异常来分析和检测油气的分布。

对于储层性质复杂地区，比如一些储层在声波上没有明显的特征，从而使得叠前地震反演解决地质问题的能力和精度受到了限制。另外，对于井资料缺乏的地区，由于叠前波阻抗反演缺乏井的约束，只能以相对波阻抗反演为主，反演的精度受到地震资料的影响较大，同时也难以获得定性的储层参数，只能作为定性的评价。因此，还需结合其他有效手段，开展地球物理综合评价。

1）方法原理

AVO技术的理论基础是Zoeppritz方程及其简化形式。Zoeppritz方程是由Zoeppritz于1919年提出的，其具体形式为

$$\begin{bmatrix} R_P \\ R_S \\ T_P \\ T_S \end{bmatrix} = \begin{bmatrix} -\sin\theta_1 & -\cos\phi_1 & \sin\theta_2 & \cos\phi_2 \\ \cos\theta_1 & -\sin\phi_1 & \cos\theta_2 & -\sin\phi_2 \\ \sin2\theta_1 & \dfrac{v_{P1}}{v_{S1}}\cos2\phi_1 & \dfrac{\rho_2}{\rho_1}\dfrac{v_{S2}^2}{v_{S1}^2}\dfrac{v_{P1}}{v_{P2}}\cos2\phi_1 & \dfrac{\rho_2}{\rho_1}\dfrac{v_{S2}}{v_{S1}^2}\dfrac{v_{P1}}{v_{P1}}\cos2\phi_2 \\ -\cos2\phi_1 & \dfrac{v_{S1}}{v_{P1}}\sin2\phi_1 & \dfrac{\rho_2}{\rho_1}\dfrac{v_{P2}}{v_{P1}}\cos2\phi_2 & -\dfrac{\rho_2}{\rho_1}\dfrac{v_{S2}}{v_{P1}}\sin2\phi_2 \end{bmatrix}^{-1} \begin{bmatrix} \sin\theta_1 \\ \cos\theta_1 \\ \sin2\theta_1 \\ \cos2\phi_1 \end{bmatrix} \quad (5\text{-}1)$$

式中：R_P 为纵波反射系数；R_S 为横波反射系数；T_P 为纵波透射系数；T_S 为横波透射系数。

该方程全面描述了弹性波在介质界面上的反射和透射问题。当地震波为非垂直入射时，P 波将进一步转换为反射 P 波、反射 S 波，透射 P 波和透射 S 波。转换波的能量取决于界面两侧的物理属性对比，即纵波、横波波速和密度。求解 Zoeppritz 方程可以得到反射系数和透射系数。含气地层泊松比变小，导致含气储层顶界面的反射系数随偏移距的增大而增大，这是利用 AVO 识别油气储层和游离气的理论依据。另一方面，如果已知波的入射角、反射系数和透射系数，也可以通过 Zoeppritz 方程来推断介质的物性参数。AVO 就是基于这一理论发展起来的。

因为 Zoeppritz 方程比较复杂，很难直接分析介质参数对振幅系数的影响，为了明确地表达反射系数与弹性常数的关系，不同专家利用近似解的方式导出不同的 Zoeppritz 简化方程。Aki 和 Richards(1980)将 Zoeppritz 方程作了线性的近似表达，分离了速度和密度项，公式如下：

$$R(\theta) = a\frac{\Delta v_P}{v_P} + b\frac{\Delta \rho}{\rho} + c\frac{\Delta v_S}{v_S}$$

$$a = \frac{1}{2\cos^2\theta}$$

$$b = 0.5 - \left[2\left(\frac{v_S}{v_P}\right)\right]^2 \sin^2\theta \quad (5\text{-}2)$$

$$c = -4\left(\frac{v_S}{v_P}\right)\sin^2\theta$$

此后，Shuey 提出了近似式：

$$R(\theta) = R_0 + \left(\frac{1}{2}\frac{\Delta v_P}{v_P} - 4\frac{v_S^2}{v_P^2}\frac{\Delta v_S}{v_S} - 2\frac{v_S^2}{v_P^2}\frac{\Delta \rho}{\rho}\right)\sin^2\theta + \frac{1}{2}\frac{\Delta v_P}{v_P}(\tan^2\theta - \sin^2\theta) \quad (5\text{-}3)$$

其中

$$R_0 = \frac{1}{2}\left(\frac{\Delta v_P}{v_P} + \frac{\Delta \rho}{\rho}\right) \quad (5\text{-}4)$$

在实际引用中，Shuey 公式进一步简化为

$$R(\theta) \approx P + G\sin^2\theta \quad (5\text{-}5)$$

其中

$$P = \frac{1}{2}\left(\frac{\Delta \alpha}{\alpha} + \frac{\Delta \rho}{\rho}\right) = \frac{\Delta(\rho\alpha)}{2\rho\alpha}$$

$$G = \frac{1}{2}\left(\frac{\Delta\alpha}{\alpha} - 2\frac{\Delta\mu}{\rho\alpha^2}\right) = \frac{1}{2}\left(\frac{\Delta\alpha}{\alpha} - 2\frac{\Delta\rho}{\rho}\right) - \frac{\Delta\beta}{\beta}$$

$$\mu = \rho\beta^2 \tag{5-6}$$

$$\frac{1}{2}(P-G) = \frac{1}{2}\left(\frac{\Delta\beta}{\beta} + \frac{\Delta\rho}{\rho}\right) = \frac{\Delta(\rho\beta)}{2\rho\beta}$$

式中：R 为反射系数，θ 为入射角。

Shuey 简化公式表明，当入射角小于中等角度（<30°）时，纵波反射系数与入射角正弦的平方呈线性关系。其中 P 为截距，反映垂直入射反射振幅；G 为梯度，反映振幅随偏移距的变化率。P 和 G 常用于提取零偏移距剖面和 AVO 属性分析。对于 AVO 响应的分类，也有很多学者作了研究，常见的分为 4 类（表 5-1），根据美国学者 Hilterman（1990）的研究，Ⅰ～Ⅲ类响应在烃类检测中分别对应暗点、相位反转和亮点，以此为基础，结合钻井油气显示及测试资料，可利用地震资料有效预测油气。

表 5-1 AVO 响应分类及特征

分类	P	G	$P*G$	$P*G$ 物理意义
Ⅰ类	大于 0	大于 0	大于 0	振幅随偏移距增加而增大
Ⅱ类	小于 0	大于 0	小于 0	振幅随偏移距增加而减小
Ⅲ类	小于 0	小于 0	大于 0	振幅绝对值随偏移距增加而增大
Ⅳ类	大于 0	小于 0	小于 0	振幅随偏移距增加而减小

2）AVO 属性及地球物理意义

地震数据中隐藏着非常丰富的地质信息，通过 AVO 属性分析，可以生成共深度点的 AVO 角道集剖面和多种 AVO 属性剖面。

（1）角道集属性。常规地震属性分析是以叠后地震数据为基础的，虽然地震资料经过多次叠加后信噪比明显升高，但同时角度信息却被忽略了。AVO 角道集数据是以叠前 CMP 数据为基础的，它们反映的是地下同一个位置的信息。常规资料处理经过动校正后的 CMP 道集中，地震波约为炮检距的函数。为了便于更直观地观测和分析地震反射振幅随入射角的变化，在 AVO 分析中把炮检距记录转化为角道集记录。AVO 角道集剖面是 AVO 分析中最直观、最基础的剖面，能够反映出各道振幅随入射角的变化趋势，可以用来推测反射界面两侧介质的物性参数。对判断天然气油气储层与下伏游离气体有很大的作用，一般认为，振幅随入射角的增大而增大时，存在天然气油气储层的标志。

（2）截距属性。根据 Shuey 公式，截距属性近似为纵波在垂直入射情况下的反射系数。因此截距剖面实际上为垂直入射时的纵波剖面，和常规的叠加剖面相比，截距剖面更接近于零偏移距剖面。截距值大，表明上下层纵波速度差值大，因此可以利用截距剖面识别高速层。

（3）梯度属性。根据 Shuey 公式，梯度与纵波速度、横波速度和密度有着密切的关系，当界面上下两地层的纵横波速度比相差很大时，梯度异常值较大。如果上覆地层赋存油气且下伏地层存在游离气时，上下沉积层的纵波速度相差很大，而横波速度差异较小，纵横波比差值大。因此可以用梯度属性定性分析油气储层是否存在。

(4)其他 AVO 属性——乘积剖面。在多数情况下,油气储层的存在使反射振幅和梯度的绝对值都会增大,因此乘积剖面可以使能量更加突出。在乘积剖面中加入相关系数,可以剔除或者压制地震数据中信噪比较低的部分。

3)工作流程

图 5-1 为 AVO 属性分析流程图,AVO 属性分析的主要内容包括 AVO 角道集分析和 AVO 属性计算。AVO 角道集剖面可以直观地显示出振幅随角度的变化,用来估算上下地层的泊松比,进而分析上下地层的岩性及流体性质。AVO 属性分别提供截距(P)、梯度(G)、截距与梯度的乘积($P*G$)、流体因子(FLUID)等信息,用于综合识别油气储层和游离气。同时在分析的时候要参考有钻井资料的邻区油气储层 AVO 响应特征。

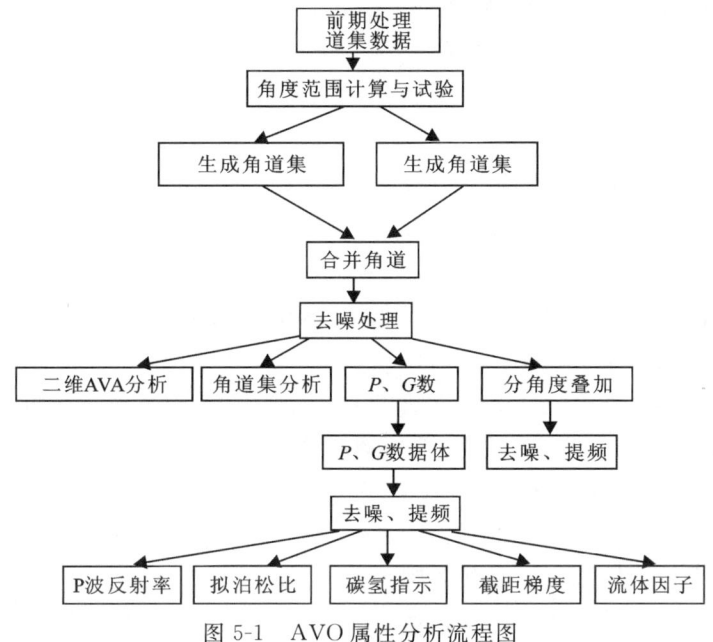

图 5-1　AVO 属性分析流程图

根据 Aki 和 Richards 近似方程,通过对重新处理的叠前道集提取了各测线的截距属性剖面和梯度属性剖面,并进一步得到 $P*G$、$P+G$(拟泊松比)属性剖面。

电火花震源偏移距过小,地震能量较弱,严重影响速度分析的精度,海底浅部地层速度差异较小(1600m/s 左右),因此,AVO 分析主要通过分析远近道振幅能量比值来寻找水合物和相关游离气的异常特征。

5.1.3　分频属性分析技术

地震数据谱在地质解释中的应用,包括两大方面:一是应用地震谱的特征直接进行解释,即从谱中提取各种各样的属性,如主频,频宽等;二是对谱进行频率分解,在频率切片上进行解释,称为地震数据谱分解技术,当前这项技术在地震数据地质解释中得到了广泛的应用。

1)流体检测基本原理

流体检测作为一门解释技术,早期主要用于初探和资源评价方面,后期逐渐深入应用到油气田开发,例如用于确定河道砂、礁体和复杂断层系统等。

地震数据谱的能量通常由3个部分组成:具有地质信息意义的薄层干涉的振幅谱、地震子波的谱和各种噪声的谱。谱分解地质解释技术主要针对第一部分能量,因此必须消除后两部分的能量,一般在进行谱分解之前,必须消除子波和噪声的影响。谱分解技术的应用效果不在于谱分解技术的本身,而在于谱分解的准确性和精度,以及谱信息的分辨率。

分频流体检测是通过各种数学变换把时间域的地震数据变换到频率域,转换后的振幅谱一方面被用于描绘时间层的厚度变化,用来定性地展示地层边界和构造体,以及相对的厚薄变化;另一方面根据不同频段能量衰减特征,检测储段的流体特征,进行含油气预测。

油气储集层是典型的双相介质。双相介质指的是由具有孔隙的固体骨架(即固相)和孔隙中所充填的流体(即流相)所组成的介质。地震波穿过双相介质时,会产生第一纵波和第二纵波;第二纵波引起固相位移和流相位移极性相反;第二纵波比第一纵波速度慢,特性与流体性质有关;第二纵波与第一纵波共同作用,形成低频共振和高频衰减现象。

地震波振幅衰减与介质的衰减系数及流体和固体的相对运动速度成正比;流体与固体颗粒相对运动速度很小时,流体被骨架"锁住",地震波衰减最小而振幅最大,这就存在地震波某一低频率上的"共振"。流体和固体的相运动随着频率的增加,由于惯性作用,流体和固体之间的相对运动速度增大,某一频率处,地震波衰减最大,振幅最小,即为高频衰减。对于双相介质,在有限带宽内,从低频到高频移动,存在低频衰减最小值和高频衰减最大值。油气黏滞系数远比水大,其地震波振幅衰减相当明显。

理论上认为,不同烃类含量和类别反映出不同的频率特点(图5-2和图5-3)。

(1)含气饱和度在10%~60%之间,振幅衰减率上升最快。
(2)含油饱和度在20%~60%之间,振幅衰减率上升最快。
(3)含水层或干层地震波振幅衰减很小,与含水饱和度基本没关系。
(4)含油气层和含水层的衰减系数差别很大,可以区分含油气层和含水层。
(5)含烃类储集层是一种双相介质,"低频共振,高频衰减"现象更为明显。

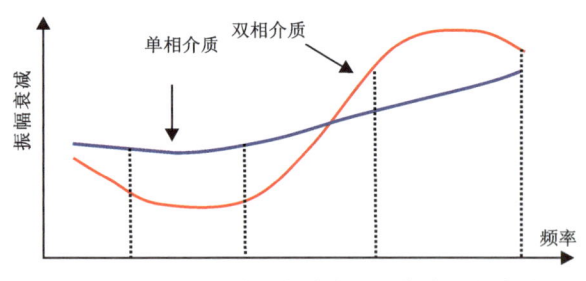

图5-2 多相介质与单向介质中振幅衰减和频率关系

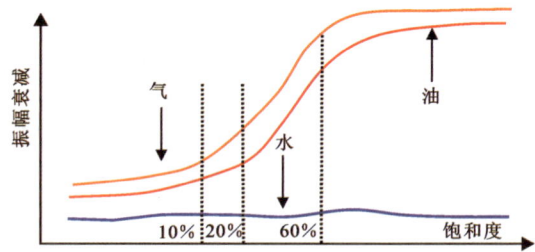

图5-3 多相介质与单相介质中振幅衰减和流体饱和度关系

实验室模拟结果表明,地震波衰减和烃类(油气、水合物等)储层饱和度有明显的相关性(图5-4),烃类流体会使沉积地层的岩石物理特征发生变化,分析认为地震波在烃类储层中的衰减与地层弹性属性、储层赋存状态、饱和度和频率密切相关。通过对地震数据进行分频,可以有效检测这种衰减特征,从而预测烃类储层的分布。

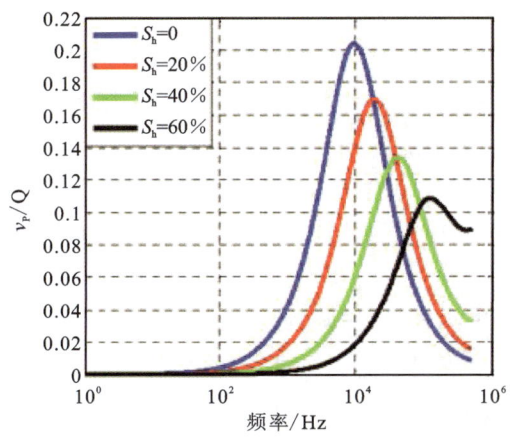

图 5-4　不同饱和度水合物地震波衰减和频率关系图

2) 分频技术的基本原理

前面已经提到,地震数据谱的能量由 3 个部分组成,我们这里仅对第一部分能量进行解释,因此我们必须做出一些基本的假设。

假设 1:地震子波能量和噪声能量的影响已被消除。

在这个前提下,根据褶积模型理论,地震记录信号的谱能量,在地震子波能量和噪声能量消除以后,剩下的能量就是反射系数的谱能量,因此,我们有必要对反射系数的频率响应进行分析,即研究反射系数的谱能量特征。

假设 2:一个楔状的单一薄层镶嵌在一个半无限空间的均匀介质内,出现薄层振幅调谐现象。

频率响应常用的解释是薄层反射振幅调谐现象。当薄层厚度小于地震波长的 1/4 时,顶底反射是不能分开的,顶底反射信号合二为一,合成后的振幅随着薄层厚度的减小而减小,当薄层厚度等于地震波长的 1/4 时,振幅达到最大。当薄层厚度大于地震波长的 1/4 时,这时顶底反射信号可以分开,厚度越大,分开越清晰,这时单个反射信号的能量要小于厚度为地震波长的 1/4 时的合成能量,随着厚度的继续加大,能量趋于稳定。这种现象,称为薄层反射振幅调谐现象。时间域的最大振幅,对应于频率域最大的振幅能量值,这时的频率称为调谐频率,根据调谐频率可以推算出薄层的厚度。

由此可见,估算记录信号的谱的方法构成了谱分解的数学模型,目前尽管方法很多,但仍以短时窗的傅立叶变换为主。在短时窗的情况下,反射系统的谱不可能是空白的,根据褶积模型,在子波和噪声的影响消除后,记录信号的谱近似为反射系数的谱。对于单一薄层,这个谱是陷频周期函数,并存在薄层振幅调谐现象,一方面根据调谐频率值可以推算薄层厚度,同时也可以对频率进行分解。所有这些,均为谱分解技术的物理模型解释。根据数学模型和物理模型的基本假设,我们可以得出它们所能支撑的地质解释模型。

Widess(1973)提出确定薄层厚度的计算方法,同时指出要注意长、短时窗傅立叶变换以后谱的基本模型的假设。另外,子波有一定的延续长度,跨越多个以时间厚度表示的地层组合,形成的薄层调谐系统仍具有周期性。所有这些,一直沿用至今,并成为谱分解技术的基本原理解释。在应用时我们应注意以下几点。

(1)算法和解释主要依据地震信号的振幅信息，因此对信号的振幅处理要求较高。众所周知，影响地质信号的振幅因素较多，哪些影响因素应当清除，哪些影响因素应当保留，处理之前应当明确。当前最大的困难是消除多次波的影响。

(2)原始数据的信噪比是另一个主要因素。如果干扰波强，不管哪一种算法，都会把它当成反射波的振幅进行处理和解释，造成错误的结论。任何一种算法都要求原始数据有合理的信噪比。

(3)子波影响的消除。我们希望得到的是反射系数的谱，反褶积处理后，无论反褶积处理技术如何高明，其结果都是反褶积后的剩余子波与反射系数的褶积，子波的影响始终存在。

(4)分辨率的影响。不言而喻，预测目标厚度越小，要求信号的分辨率越高。以当前反褶积处理的水平，其信号的分辨率总是满足不了地质任务的要求。

(5)时窗长度的影响。时窗的长度一方面涉及时窗内所包含的反射波的信息量，另一方面也涉及转换到频域以后的采样率。例如，一个 50ms 长的时窗，2ms 采样，只能得到 20Hz、40Hz、60Hz、80Hz 等频率处的影响信息，其他频率点的信息只是根据上述这些点上的信息内插出来的，而不是实际计算结果。

随着谱分解技术应用领域的扩充，例如，应用以匹配追踪方法为代表的瞬时视频分析技术进行更精细的层序识别、地震信号能量衰减分析和含油气信息检测等，不确定因素也随着增加。因此，建立地震模型进行正演模拟，利用井旁地震道、测井信息进行约束和标定，是减小不确定性的主要途径。

小波变换方法能获得较高的时间分辨率和频率分布率，且稳定性好，具有刻画细节的潜在能力。连续小波变换使用滑动多尺度的时窗对地震信号进行采样，且能根据信号的特征进行自主调理，具有多分辨率的功能。S 变换是小波变换的改进，采用滑动时窗获得瞬时频谱，这是它的最大特点。S 变换的窗口的大小是由信号的频率决定的，因此其谱分解的分辨率更高。

匹配追踪分解算法具有较高的时频分解率及局部自适应性，能同时在时域和频域获得较准确的定位。但该方法难以确定薄互层干涉波精确的到达时间，容易出现时间上的微小错位，造成子波中心频率的偏差。另外，该方法计算量大，且运算投影顺序对运算结果影响很大；同时，地震信号特性的轻微变化，又都有可能导致匹配追踪顺序的改变，从而造成时频分析结果的横向不稳定性和非唯一性。改进的匹配追踪分解法，不会出现频谱模糊现象，分辨率高，分辨结果与组成这些反射的各频率子波的叠合谱，其特性几乎完全相同，其分辨率主要取决于地震数据自身的频宽。

3)谱分解算法评估的基本准则

地震数据谱分解技术由两部分组成：一是谱分解的计算；二是谱分解数据的解释。当前谱分解的算法很多，选择什么样的算法进行计算，需要掌握对分解结果数据进行评价的准则，根据准则判其优劣；从解释的角度上讲，是要看哪种方法解决地质问题最实用和最有效。

同一地震数据选用不同的谱分解方法，有可能得到不同的时频分解结果。Castagan 等(2003)提出了以下基本准则。

(1)谱分解结果在时间上的累加，近似等于地震信号道瞬时振幅。

(2)谱分解结果在频率上的累加,应近似等于地震信号道频谱。

(3)明显的地震反射同相轴,应在谱分解结果中清晰可见,即谱分解纵向分辨率应与地震记录道相同,某一反射波在频率上持续的时间长度等同于地震记录的延续时间。

(4)地震信号中子波的旁瓣不应在谱分解中与反射同相轴分离。

(5)单独一个反射波的谱分解的频谱不应失真,其频谱不应是与窗函数谱的褶积。

(6)时间上可分辨的反射同相轴,不应出现谱的陷频现象。

以上6条既是对谱分解算法结果进行评估的基本准则,也可作为谱分解数据是否可用于解释的依据,同时也是对谱分解数据解释成果的有效性进行评估的依据。

分频处理方法决定了分频检测效果的好坏,不同的分频方法有各自的优缺点(图5-5),常用的分频方法有离散傅立叶变换法(DFT,图5-6a)、最大熵法(MEM)、连续小波变换法(CWT,图5-6b)、时频连续小波变换法(TFCWT)和S变换(ST)。其中S变换在时间域和频率域能对每个同相轴准确辨别,特别是对复合信号,能够很好地还原真实的频谱特征,具有很高的垂向和横向分辨率,比其他传统分频方法有更高的分频率与稳定性。相比而言,FFT(快速傅立叶变换)垂向上分辨率较差,对微弱的信号不能准确分辨;DFT(离散傅立叶变换)对复合信号分辨明显不足,在个别部位出现假频干扰;MEM(最大熵)整体效果比较差。

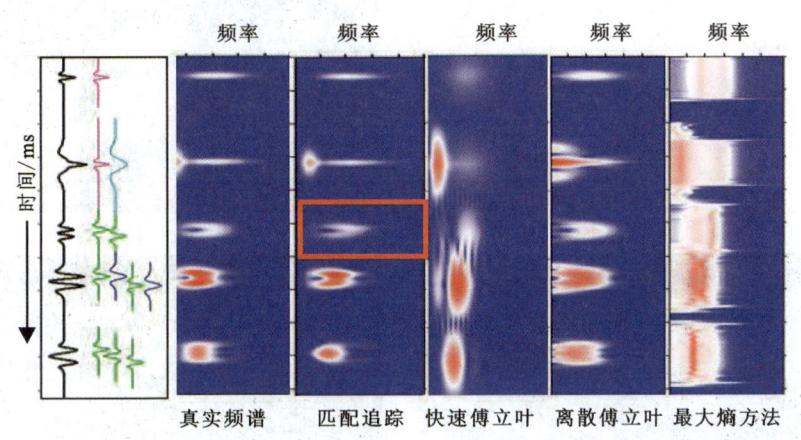

图 5-5 不同算法的频谱特征

短时窗傅立叶变换(STFT)把地震信号依据窗口函数划分成连续、固定长度的小信号,然后对每段信号进行傅立叶变换。该变换在小时窗能分辨高频同相轴,而在较大时窗能表达出更丰富的频率响应。

该变换包括连续小波变换(CWT)、时频域连续小波变换(TFCWT)和小波包变换(CWPT)3种变换。CWT无须重复设定时窗范围,变换过程中,内部时窗依据频率会自动调整,提高了频谱分析的稳定性和分辨率。TFCWT采用类似移动时窗,但每个频率分量都是独立的,不像CWT是对邻近频率平均,因此大大地提高了时频分辨率。CWPT是在小波变换的基础上发展出来的,对信号分解和重构体现了多分辨率特征,克服了一般小波变换在低频处低空间分辨率和在高频处低频率分辨率的缺点,展现更高的时频分辨率,计算复杂度高于小波变换,低于时频域连续小波变换。

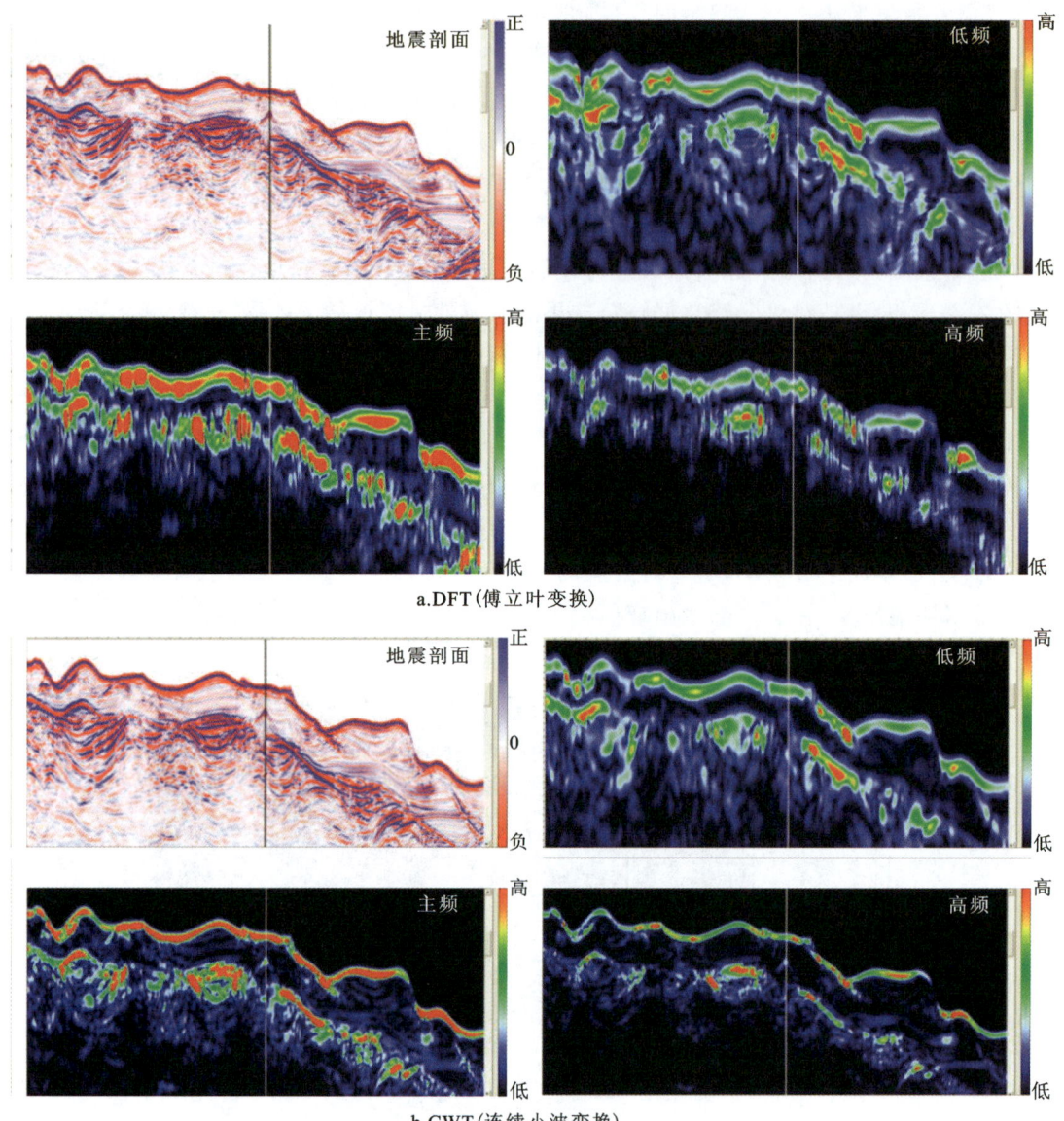

图 5-6 傅立叶变换和连续小波变换单频剖面

S变换与TFCWT效果类似,但其移动时窗与频率有更严格对应关系,且计算复杂度低,能极大地提高频谱计算效率。

4) 分频算法的选择

选择哪种谱分解算法,主要根据地质任务的需求而定。例如,如果要确定反射地层的厚度,可以根据需要选用STFT、MEM、CWT或ST,它们在不同的单一频率的频谱上可以看到薄层干涉后的频谱特征,利用这一特征可进行储层平面展布预测和厚度的估算。如果对单个反射波频谱特征感兴趣,譬如通过估算反射的高频能量衰减进行油气信息检测,就要求准确地分离出该反射的频谱特征,就可选用MPD和EPD时频分析方法,受地震波干涉的影响小,具有很高的时频分辨率,特别是EPD方法能从复合反射波中分辨出单个反射波的频谱。如果是要研究沉积相模式,当反射界面之间的距离大于传统的调谐厚度时,STFT、MEN、CWT 或 ST 均可以完成任务;而当沉积界面间距小于调谐厚度时,地震反射是唯一复合反射波,在这种条件下,则需选用 MPD 和 EPD 对更薄的调谐沉积层进行分解,并结合可视化技术进行沉积相解释。由此可见,选择哪种谱分解算法,主要是根据地质任务的需求,选择有能力满足其需求的算法。

时窗问题限制了传统的时频分析方法分辨率的提高,传统的时频分析方法一般采用短时傅立叶变换进行处理。小波变换时频谱分析消除了时窗问题,具有很高的时间分辨率。但原始小波的整个波形只是在时间上变换,在形状上并没有改变。工作中采用将 S 变换融入匹配追踪方法中,可以同时获得匹配追踪法的时间高分辨率和 S 变换的局部频率信息的频率高分辨率(图 5-7)。

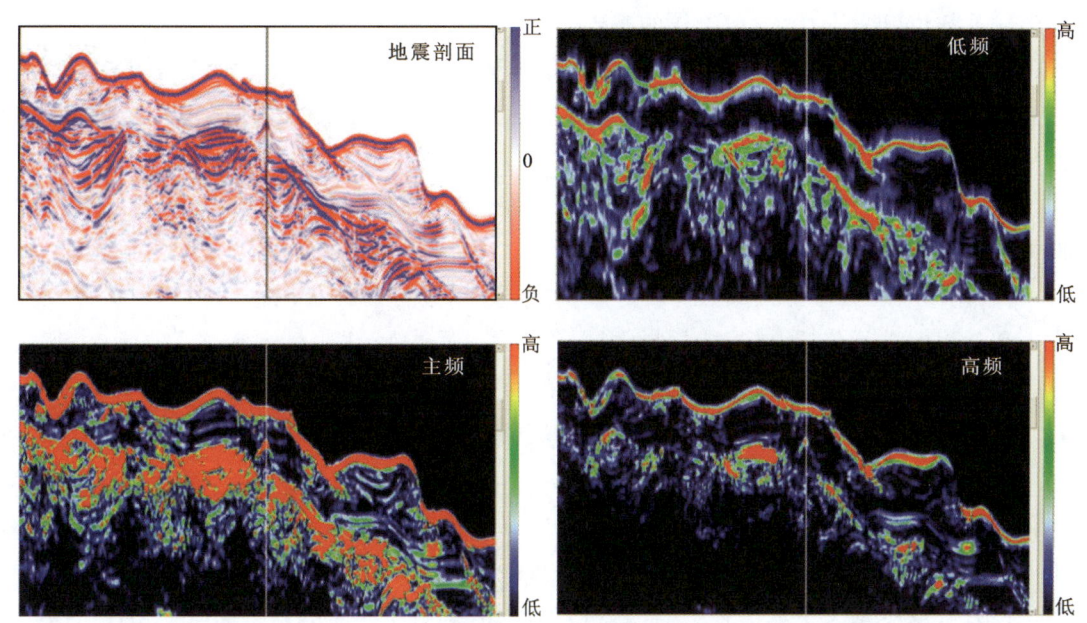

图 5-7 匹配追踪和 S 变换单频剖面

S 变换表达式为

$$S(\tau,f) = \int_{-\infty}^{\infty} h(t) \left\{ \frac{|f|}{\sqrt{2\pi}} \times \exp\left[\frac{-f^2(\tau-t)^2}{2}\right] \exp(-2\pi i f t) \right\} dt \qquad (5-7)$$

式中:$h(t)$ 为地震记录;S 为 h 的 S 变换;f 为频率;τ 为时间域控制高斯窗位置的参数。

匹配追踪表达式为

$$\psi(s,\xi,\tau) = \frac{1}{\sqrt{s}} \psi\left(\frac{t-\tau}{s}\right) e^{i\xi t} \qquad (5-8)$$

式中:s 为加权因子;t 为时间;τ 为时间位移;ξ 为频率调谐;ψ 为能够兼顾所有可能的时间和频率宽度的基本函数,从而消除视窗对分频结果的影响。

匹配追踪加 S 变换可以对三维地震数据和二维地震数据进行分频处理。一个三维数据体经过分频处理后被分解成一系列单频的数据体,各个单频对应的振幅也被相应地分解到单个频率的数据体中。该方法能将地震数据体中单个频率对应的 95% 的能量分解给单个频率，从而得到有关单个频率分析的准确内容，传统的 DFT 方法只能将 50% 的能量分解给单个频率，从而产生大量误差和干扰。

目前，谱分解技术在地震数据处理与解释中得到了广泛的应用，并在实践中不断被完善和发展，已初步形成了技术应用流程。

5）谱分解处理解释流程

经过多年的技术发展和实际应用，谱分解技术已经成为当前处理解释中一项专用技术，在地层、岩层油气藏勘探与开发地震数据处理与解释中，得到了十分广泛的应用。其技术流程主要包括以下五大步骤。

（1）精细的噪声压制，反褶积处理技术，最大限度地消除噪声和子波的影响，地震道可被视为反射系数道，这是后续一切工作的基础。

（2）利用连续时频分析方法，把反射系数数据体从时域转换到频域，当前转换方法很多，如逐点滑动的短时窗傅立叶变换等，因此，存在方法选择的问题；优选时频分析方法基本确定了谱估算的质量，得到一系列单频体。

（3）按照不同频率成分分别组成振幅谱辐和相位谱数据体、剖面和各种切片；切片、剖面、数据体当前都有所应用，但切片应用最广。

（4）利用可视化技术等工具，对单个频率成分数据进行对比、分析与解释，对分频结果在单道上和剖面上进行分析，寻找能量异常区域。

（5）在以上步骤的基础上，最终确定某一单个频率成分或单个频率段数据进行最终解释，在异常区域解释辅助层位，沿层用时窗提取响应的分频属性，对分频属性进行优选，寻找对油气储层比较敏感的属性。

以上五大步骤是紧密地连在一起的，需要解释人员的介入，选择有针对性的处理方法，来满足后续各种需求，这也许就是我们常说的处理解释一体化的概念（图 5-8）。

频谱分解技术主要生成两种类型的数据体：调谐数据体和离散频率能量数据体。

（1）调谐数据体。目的层调谐数据体是频谱分解技术表征储层的方法之一。所谓调谐数据体是沿层或对两层之间进行短时窗匹配追踪分解，生成在垂向上频率连续变化的振幅数据体。它表示在相同的研究时窗内，调谐数据体在垂向上为连续变化的频率，在平面上为单一频率对应的经归一化之后的调谐振幅，这样就得到了同一短时窗内（对应某一目的层段）不同频率的调谐振幅的平面图集，而传统属性分析方法通常只能得到主频率对应的地震属性。首先，对时间域地震数据体中的目的层进行解释，然后，在包含目的层段的短时窗内把时间域数据转换到频率域，转换后形成的目的层谐振体可以在平面（普通频率切片）和剖面上进行观察分析。频率切片允许解释员在平面上观测薄层干涉模式，捕捉到指示地质过程的纹理和模式的信息。振幅谱或相位谱与频率表现调谐的关系通过整个频率范围（即通过所有频率切片）的动画显示来表达。

（2）离散频率能量数据体。调谐数据体强调了局部目标尺度的调谐问题，而对较大尺度的地震数据体要求采用不同的方法。对于超过单个反射组成目标的谱分解，建议使用离散频

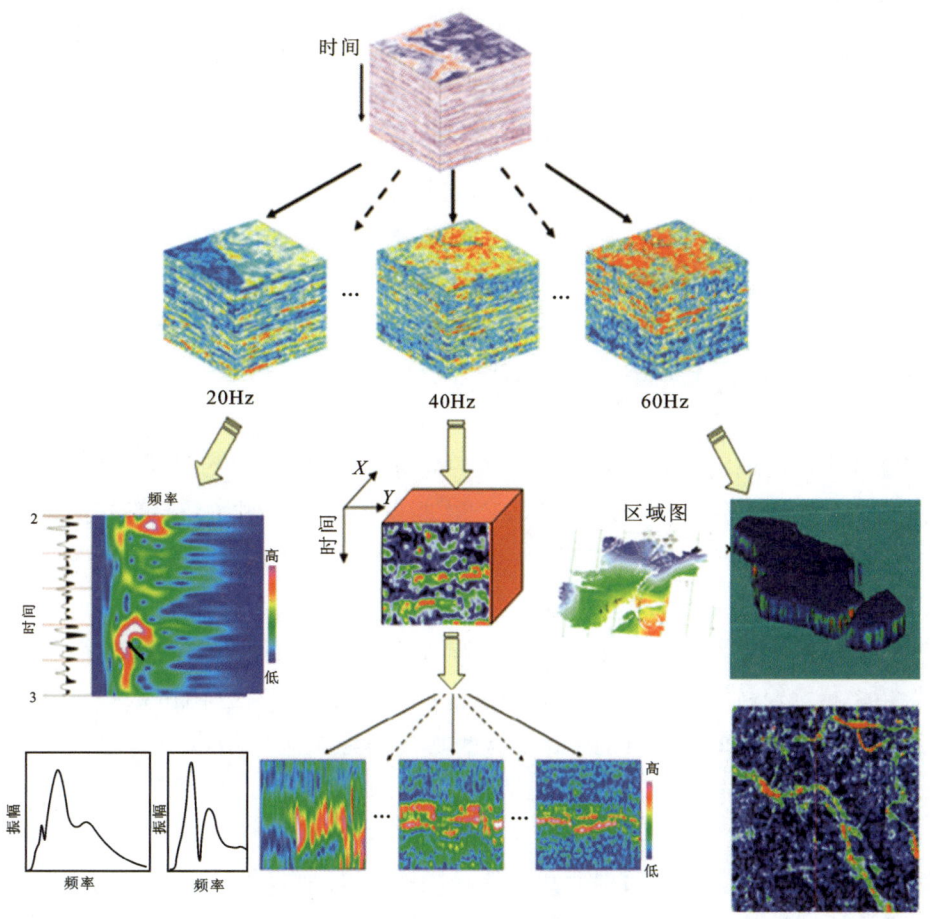

图 5-8 谱分解处理流程示意图

率能量数据体,或 4D 时间-频率数据体。离散频率能量体是频谱分解技术表征储层特征的另一种方法,它是沿短滑动时窗生成的一系列离散频率的调谐振幅数据。与调谐数据体的区别在于该数据体在垂向上与常规数据体相同,均为时间,但每个生成的数据体中只包含单一的频率成分,这种频率分析方法既可采用等时窗分析的方法避开层位的控制和影响,也可用沿层位滑动时窗的方法进行计算,以消除构造形态对解释带来的影响。通常,在用目的层谐振体进行目的层段检测之后,再使用离散频率能量体进行目的层段之外的储层预测。它以一个地震数据作为输入,输出多个离散的频率和相位体,通过在滑动时窗内进行谱分析,对地震数据体内的每个样点都计算振幅谱和相位谱,然后再将所有的频谱成分重新排列成一系列的同频率时间数据体。

6) 谱分解技术的应用

1982 年 Mordet 等首次把短时窗傅立叶变换用于地震解释,1999 年 Partyka 等借助当时的计算机技术把时频分析进一步推广,转化为一种实用、便捷的解释工具,即所谓的地震信号的谱分解。进入 21 世纪后,谱分解技术在油气勘探与开发中得到了广泛的应用,例如,薄层厚度解释,精细刻画地震相,冲积平原边界、礁体边界识别,河道砂体、薄层地质异常体、地层沉积序列划分等。但总体来说,应用还是初步的,或者说是粗略的,甚至还存在泛用和滥用等现象,需要在实践中不断完善这项技术。

(1)薄储层定量预测。在振幅谱剖面上根据陷频周期,在相位谱剖面上根据相位跳跃转折点周期,在不需要井信息标定的情况下,可以进行单一薄层的厚度解释;在振幅谱频率切片上,借助于井数据的标定,可对薄层厚度在平面上展布的规律进行解释,从而可对薄储层特性进行定性和定量的预测。这种解释的优势:一是无需丰富的测井资料;二是在相同条件下,可得到在时域解释薄层更高的分辨能力;三是借助可视化技术对数据体进行空间解释,可揭示砂泥岩互层储层的内部结构特征;四是通过切片浏览和可视化技术,可对薄储层的演化过程进行研究。

(2)特殊地质体的识别解释。通过地震相的划分与解释,频率切片信息可转换为沉积相和岩相,进行岩性解释,提高识别各种砂体、河道、断层的能力。例如,利用谱分解技术可进行小断层的识别和解释,主要依据:①相位体频率切片上振幅变化密集条带状突变及其错斜;②数据体剖面上振幅不连续,上翘或上拱。

按照上述依据,一系列的频率切片对比解释表明,频率较低的切片主要反映断距相对较大的断层,频率相对较高的切片主要反映断距相对较小的断层。遵循由低频到高频,先相位后振幅,结合相干体数据的解释思路,应用低频切片解释主干断层,应用高频切片解释小断层,从而完成了目的层段断层的精细解释,发现了许多以往难以发现的断距为 10~15m 的小断层。

一般工作流程:首先综合原始剖面和谱分解切片,进行地震相带解释;然后根据地震相带的划分,综合钻井、测井,以及岩石地球物理分析数据,在区域地质信息的指导下,将地震相带换成地层沉积相和岩相,最后进行岩性解释,确定岩性圈闭。另一种思路:利用谱分解技术,分析储层的频率响应特征,得到储层的主频和频带宽度等参数,对主频数据进行地震属性分析和薄层振幅调谐分析,以及 AVO 分析,来进行岩性解释。主频的横向变化,既有可能是地层中含有油气造成,也有可能是岩性变化所致。

谱分解技术在岩性解释中起着十分重要的作用,在切片上通常易于识别古河道,从而围绕着河道进行与河道有关的各种砂体解释。对切片数据进行边界检测处理,再应用可视化技术,可凸显砂体分布的边界,圈定砂体的范围。在切片上,还可以进行物源方面的解释,通过切片浏览,可研究沉积演化过程。所有这些方法对复杂地区的岩性解释提供了切实可行的途径。

(3)油气藏识别。实际地层介质是非完全弹性的,地震波在传播过程中的衰减反映了传播介质的本征属性,其中包含了该地层的岩性及含流体信息。烃类储层通常表现出异常高的地震波衰减,对地震波的高频和低频成分具有不同的频率响应特征,因此我们可以通过谱分解技术的不同频率的切片,研究储层衰减对地震响应的影响,来指导含油气预测特别是气藏的预测。

5.2 电火花震源高分辨率地震在水合物勘查中的应用

5.2.1 扩散型水合物

通过对频率类属性、振幅类属性、相位类属性、波形类属性、反演类属性、叠前 AVO 类属性进行综合分析，优选了一组能够较好反映 BSR 特征（图 5-9）的地震属性，从而提高水合物识别的可靠性。

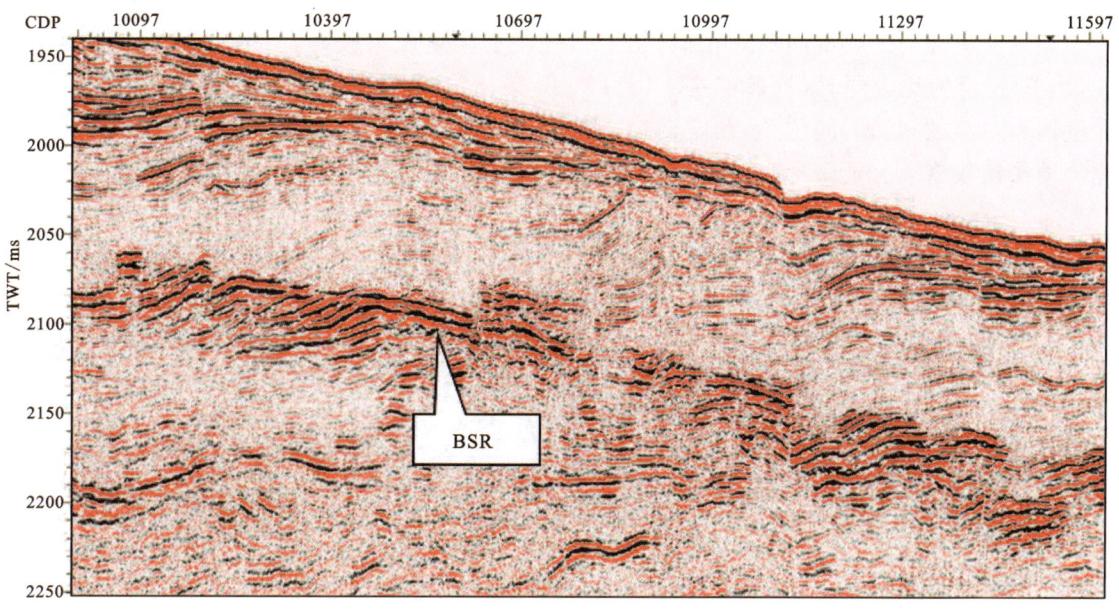

图 5-9 扩散型水合物地震剖面

频率类属性与反射振幅强弱关系相对较小，对地层的岩石物理特性有比较好的响应，能够消除强反射给 BSR 识别带来的干扰。以主频和瞬时频率属性为例，上部高频区域与下方低频区域之间存在明显的界面分界线，其位置与 BSR 发育区吻合，且在 BSR 上方的空白带内存在明显的频率变化特征（图 5-10、图 5-11）。

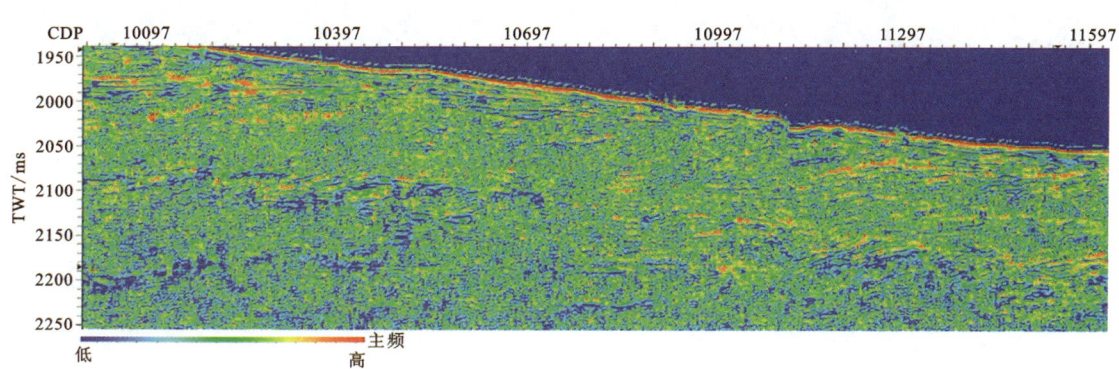

图 5-10 主频属性剖面

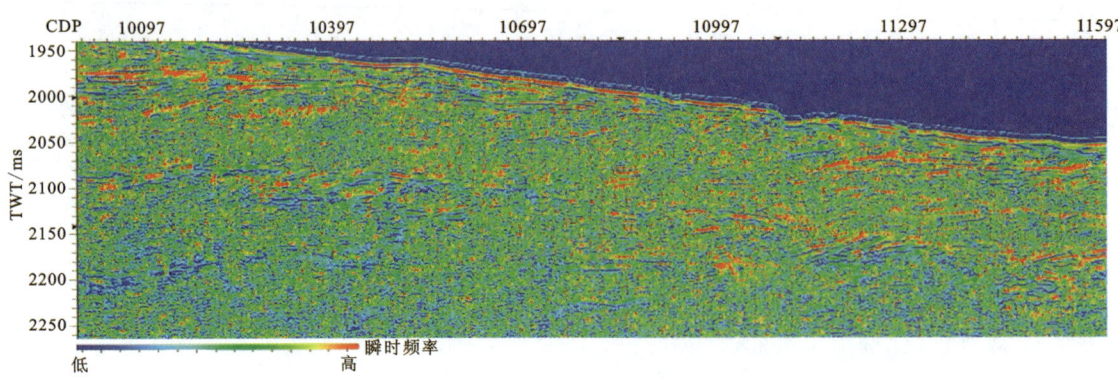

图 5-11　瞬时频率属性剖面

振幅类属性与地震剖面效果相似，主要对强反射响应效果较好，对弱反射没有明显的响应，当 BSR 反射比较弱时，效果较差（图 5-12、图 5-13）。能量半衰时属性是给定时窗内振幅能量达到一半的相对时间位置，测定时窗内能量变化的速度，对含游离气等孔隙度有明显变化的地层比较有效。能量半衰时剖面可以较为准确地识别 BSR 及其下伏游离气（图 5-14）。

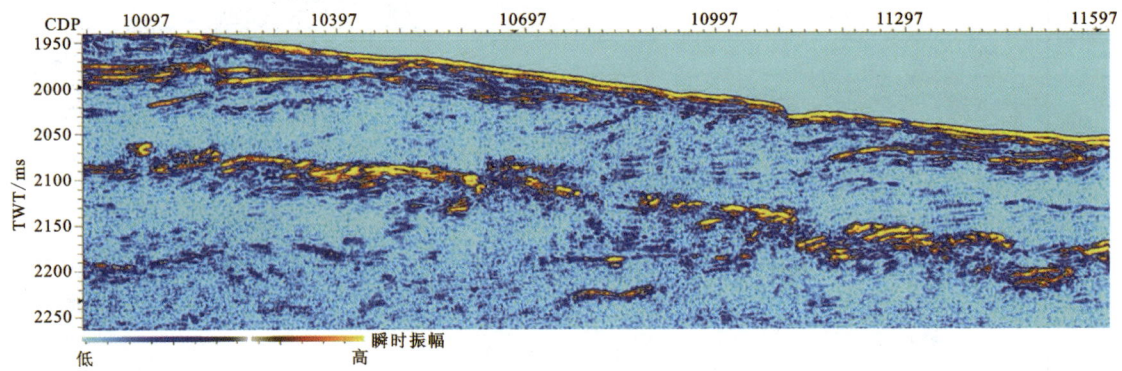

图 5-12　瞬时振幅属性剖面

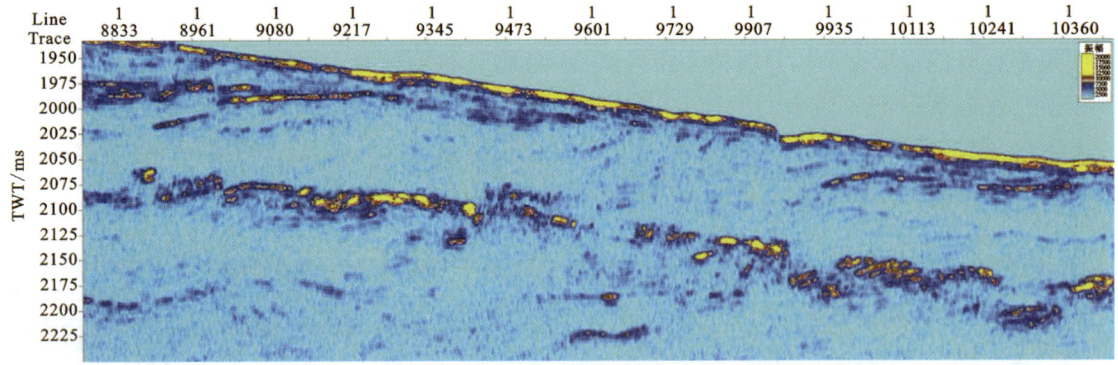

图 5-13　均方根振幅属性剖面

相位类属性反映地震道上采样点的相位值，与反射振幅强弱无关，对反射结构识别效果较好，有利于研究水合物地层内部的沉积特征。以瞬时相位和余弦相位为例，BSR 上方空白带内反射结构清晰可见，缺点在于对地震资料噪声敏感，受地震噪声影响较大（图 5-15、图 5-16）。

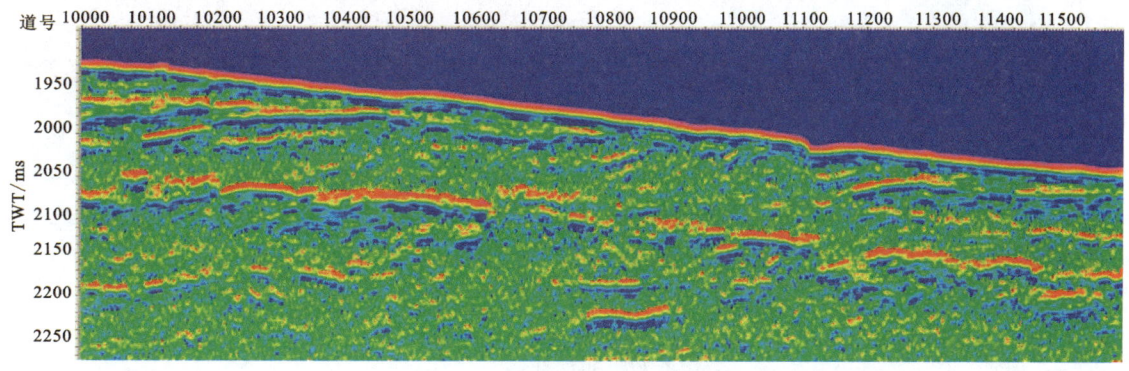

图 5-14 能量半衰时属性剖面

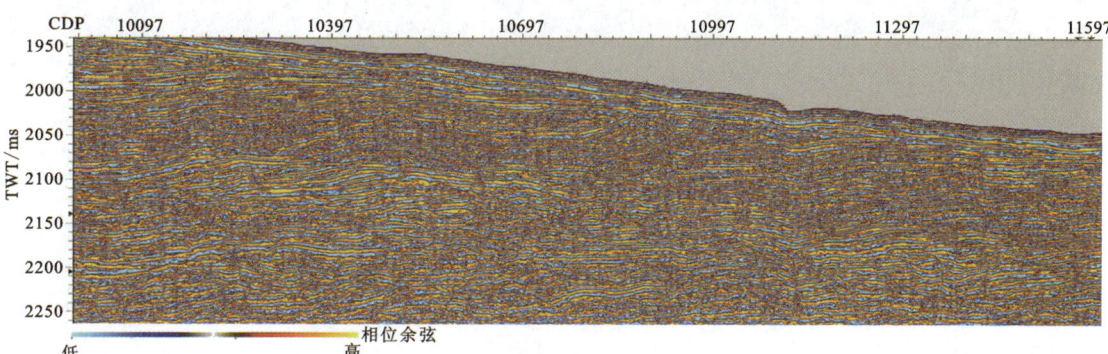

图 5-15 相位余弦属性剖面

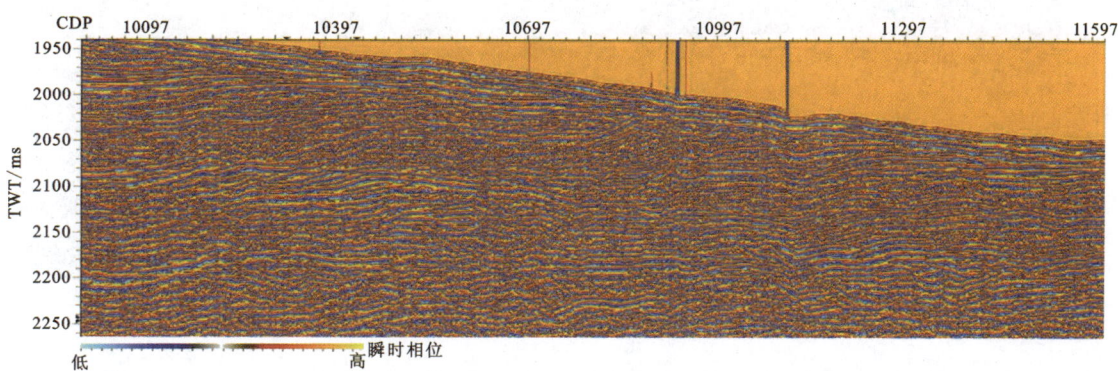

图 5-16 瞬时相位属性剖面

波形类属性用于检测不同道之间波形的差异程度,对不同地层造成的波组特征响应明显,以相似性、峰度和不连续度等属性为例,对空白带反射和 BSR 都有比较好的反映,但易受到资料噪声干扰,横向连续性较差(图 5-17～图 5-19)。

平均弧长属性用于检测反射异常,常用于识别富砂或富泥地层,对游离气有一定反应。平均弧长剖面中,BSR 下方游离气清晰可见,对强反射效果较好(图 5-20)。

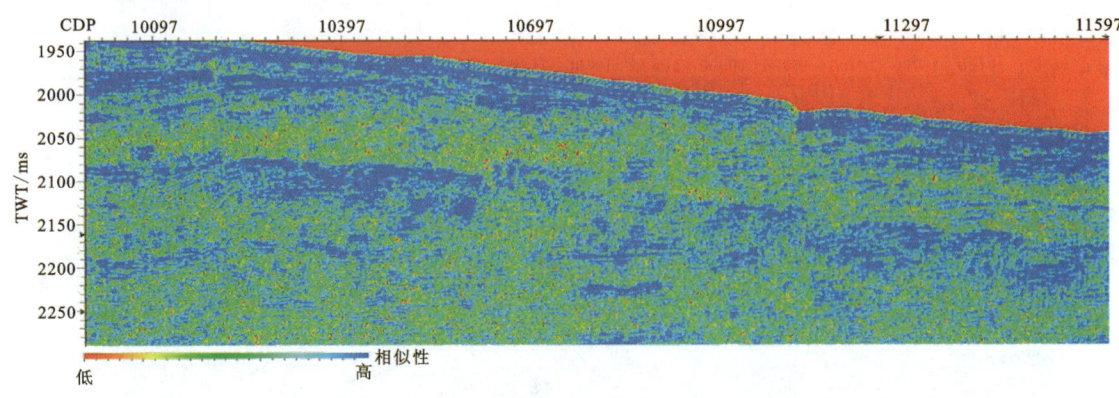

图 5-17　相似性属性剖面

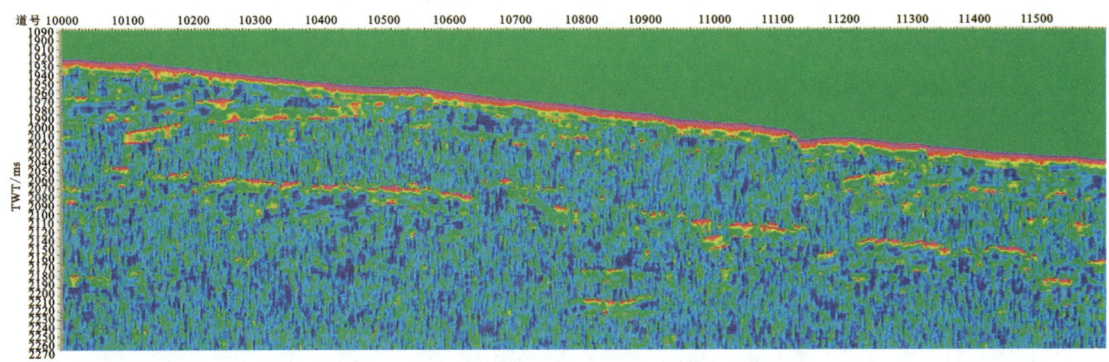

图 5-18　峰度属性剖面

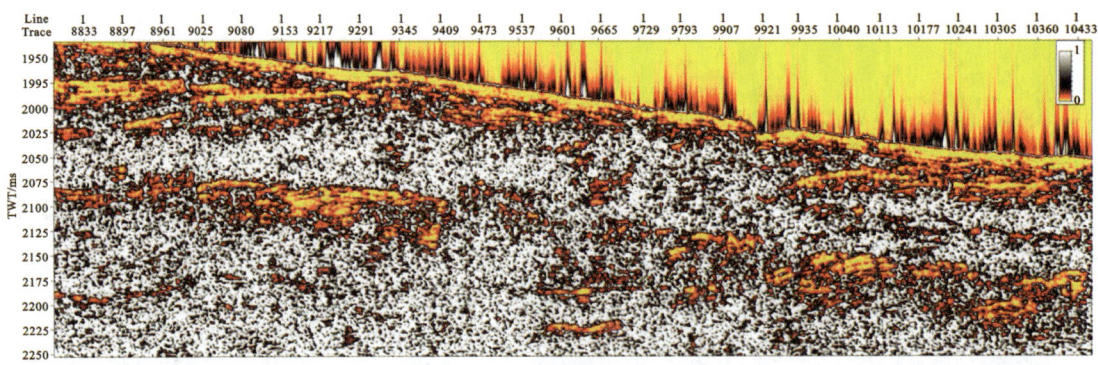

图 5-19　不连续度属性剖面

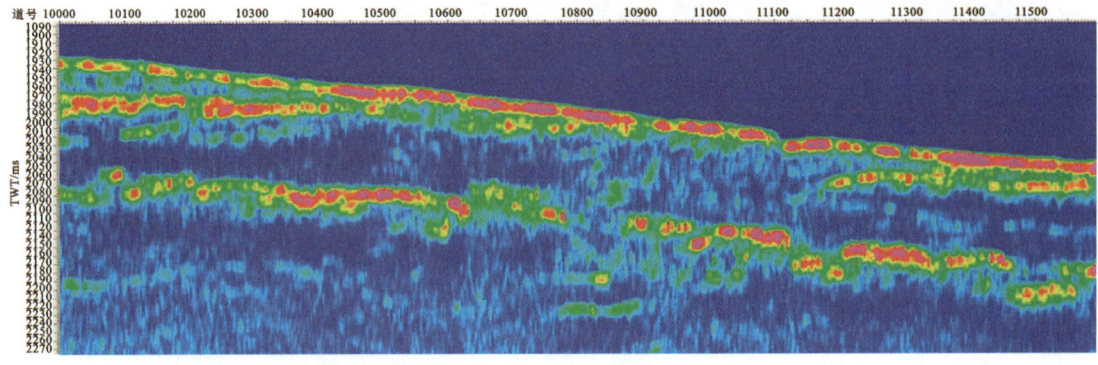

图 5-20　平均弧长属性剖面

"甜点"属性同时加入振幅和频率进行运算,能在振幅属性的基础上,更多反映细节变化。从图中可以看出,"甜点"属性不仅对 BSR 相关游离气的强反射效果明显,对空白带内弱反射也有一定反应(图 5-21)。

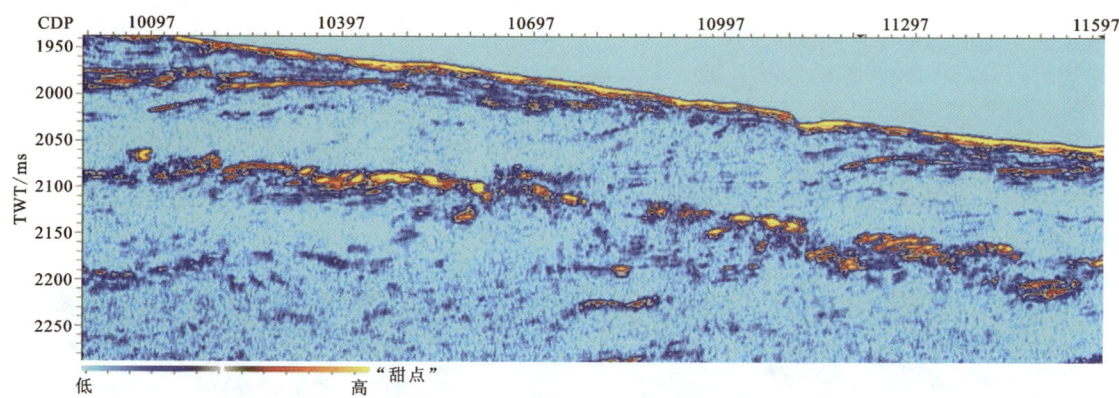

图 5-21 "甜点"属性剖面

薄层指示属性从地震数据中提取反射系数,以此反映地层的薄厚情况,对砂泥岩互层地层中的砂岩段或泥岩段效果较好。从图 5-22 中看出,薄层指示属性对识别 BSR 效果一般,容易受到噪声干扰,横向连续性明显较差。相对阻抗属性,通过道积分将地震振幅转换成相对波阻抗,对于识别孔隙度变化明显区(带)效果较好。从图 5-23 中看出,游离气可能发育区域的阻抗值明显偏高,特征清晰。

由于采用小道距采集方式,偏移距较小,AVO 属性分析效果不理想(图 5-24~图 5-27)。

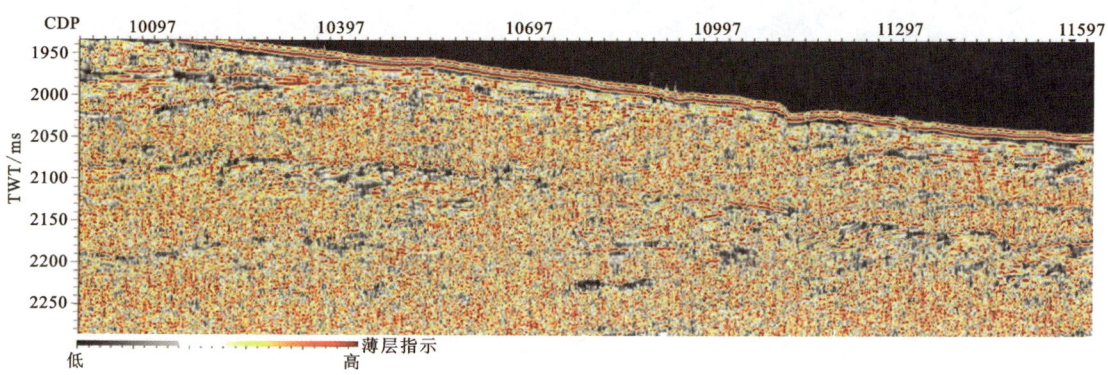

图 5-22 薄层指示属性剖面

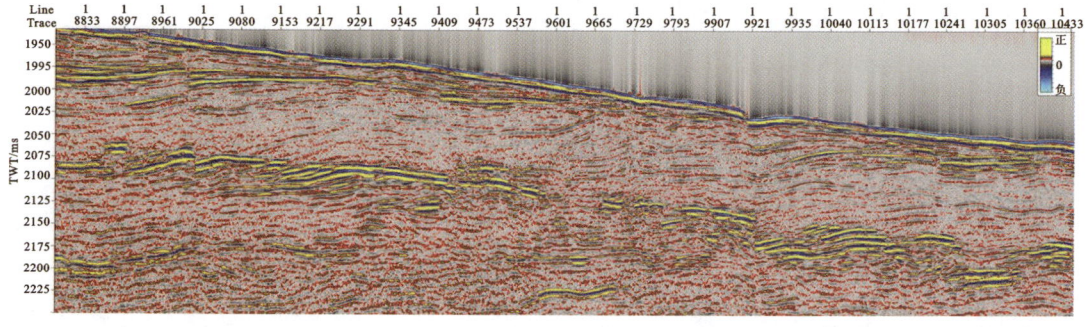

图 5-23 相对阻抗属性剖面

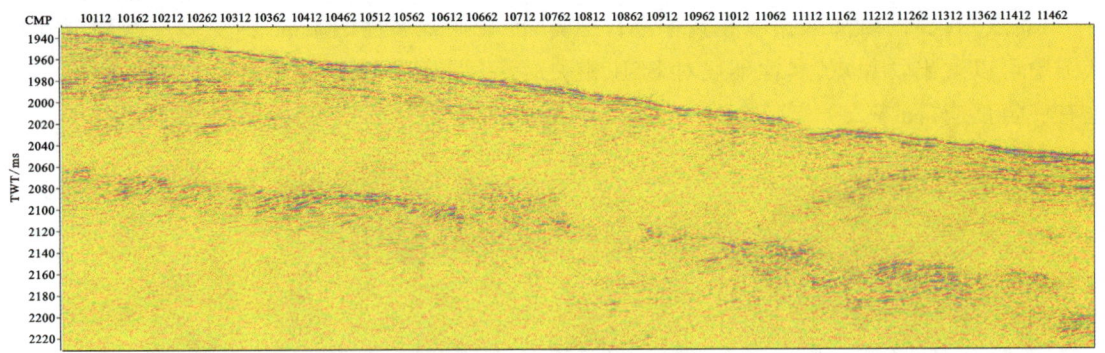

图 5-24　P 属性剖面

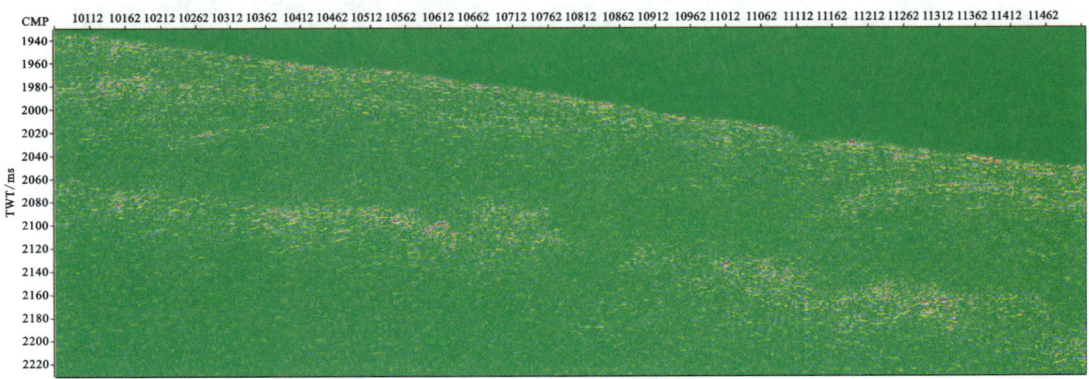

图 5-25　G 属性剖面

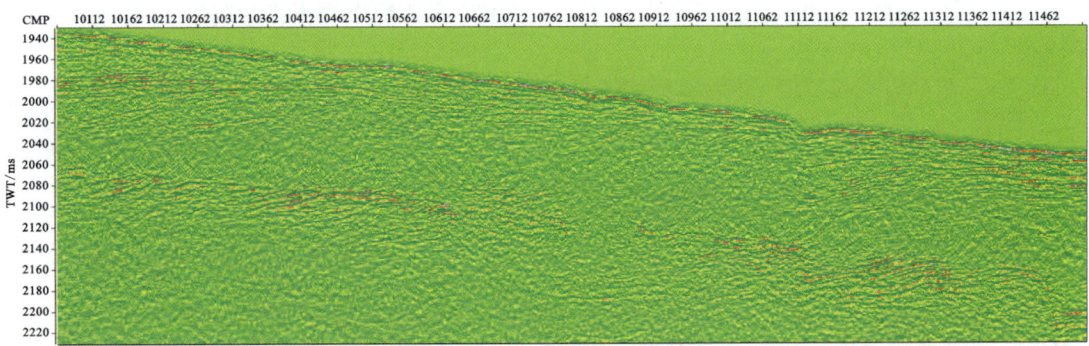

图 5-26　泊松比属性剖面

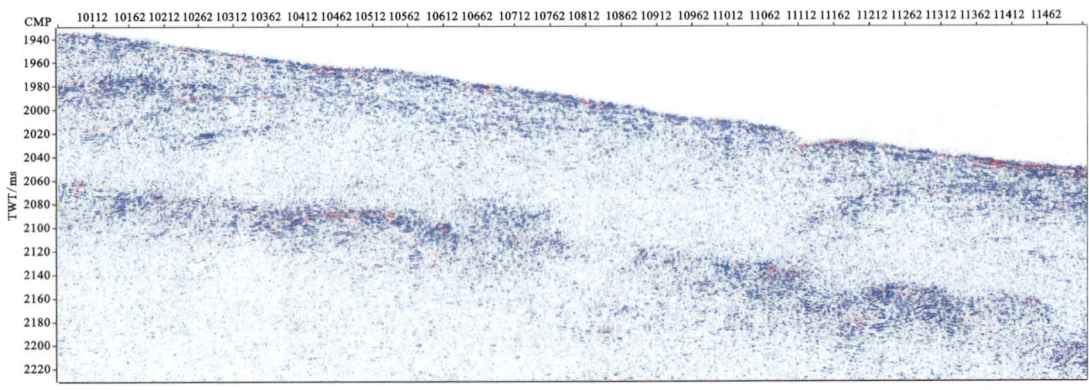

图 5-27　$P*G$ 属性剖面

根据水合物地震响应特征,选用7种分频属性进行分析对比。

(1)低频属性(以61Hz为例),通过低频共振原理检测游离气的分布,可以确定BSR发育的位置(图5-28)。

(2)高频属性(以301Hz为例),根据高频对地层分辨率高的原理,检测含水合物地层中不同厚度地层单元的分布,与低频属性结合,可确定BSR下方游离气发育的位置(图5-29)。

(3)低频增加属性通过计算低频段内(最小有效频率到峰值频率)地震能量增加的快慢,反映游离气低频能量异常的情况,对BSR特征明显的水合物效果良好(图5-30)。

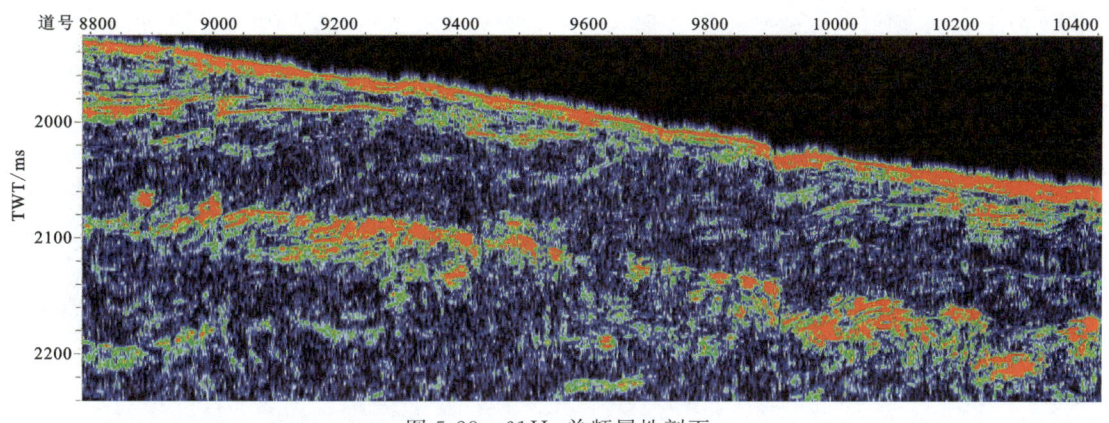

图5-28 61Hz单频属性剖面

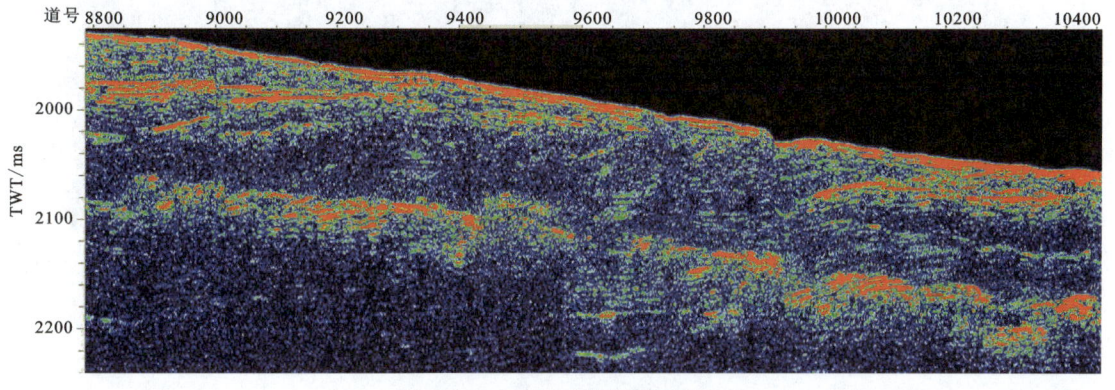

图5-29 301Hz单频属性剖面

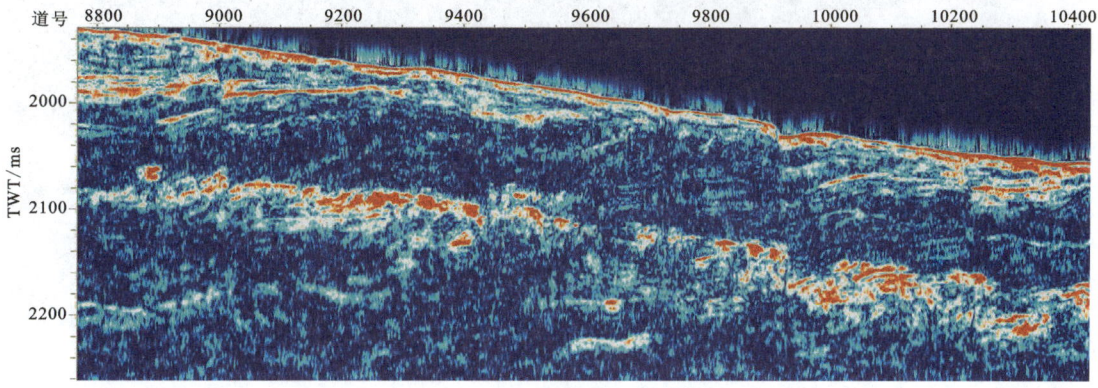

图5-30 低频增加属性剖面

(4) 高频衰减属性通过计算高频段内(峰值频率到最大有效频率)地震能量减少的快慢,反映游离气高频能量降低快的特征,对游离气发育的水合物识别效果良好(图 5-31)。

(5) 衰减百分比属性通过特定频段内能量衰减与整个高频衰减的比值,精细刻画水合物的衰减特征,如图 5-32 所示,衰减百分比对水合物空白带的弱反射和游离气造成的强反射都有比较好的响应,受资料噪声影响较小。

(6) 峰值振幅计算地震道各个采样点的最大振幅值,用于描述含水合物地层和正常地层之间在频谱形态和能量上的差异,对强反射 BSR 相关的水合物识别效果较好(图 5-33)。

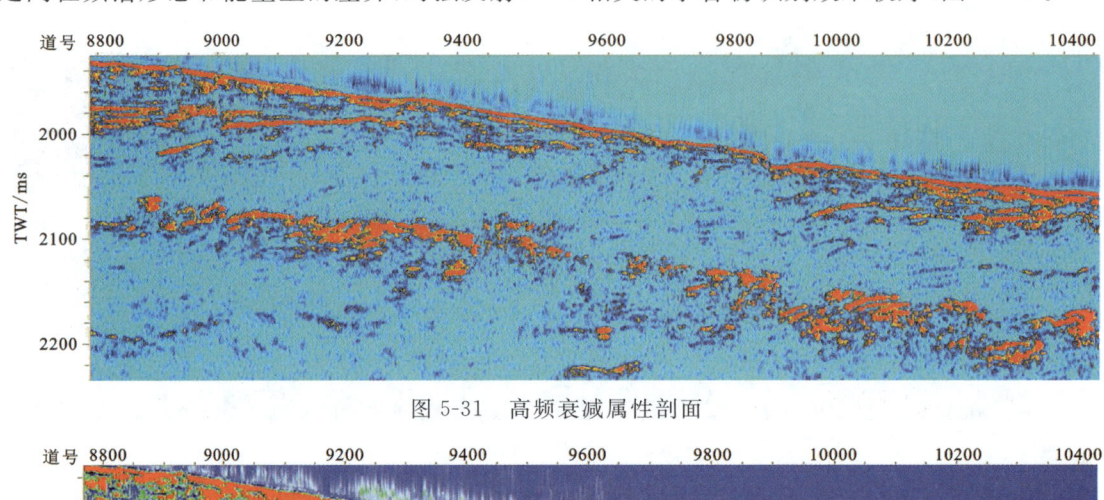

图 5-31　高频衰减属性剖面

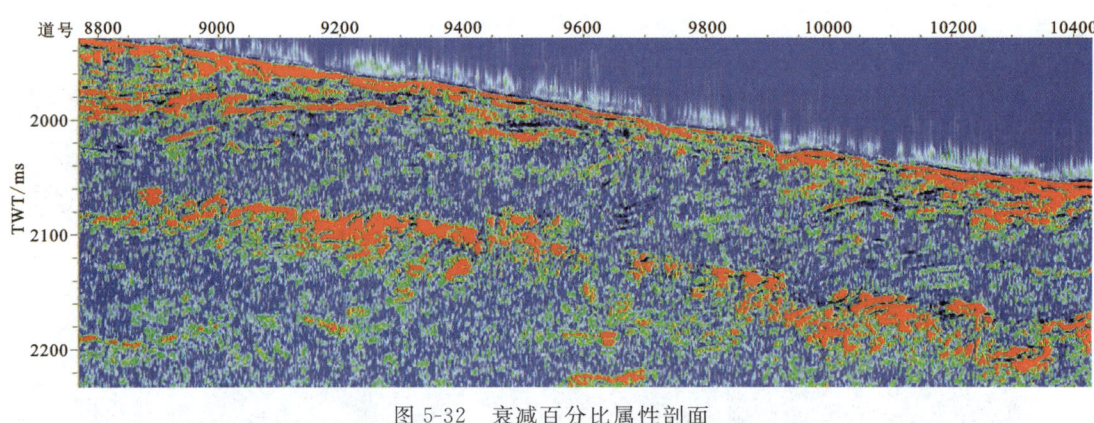

图 5-32　衰减百分比属性剖面

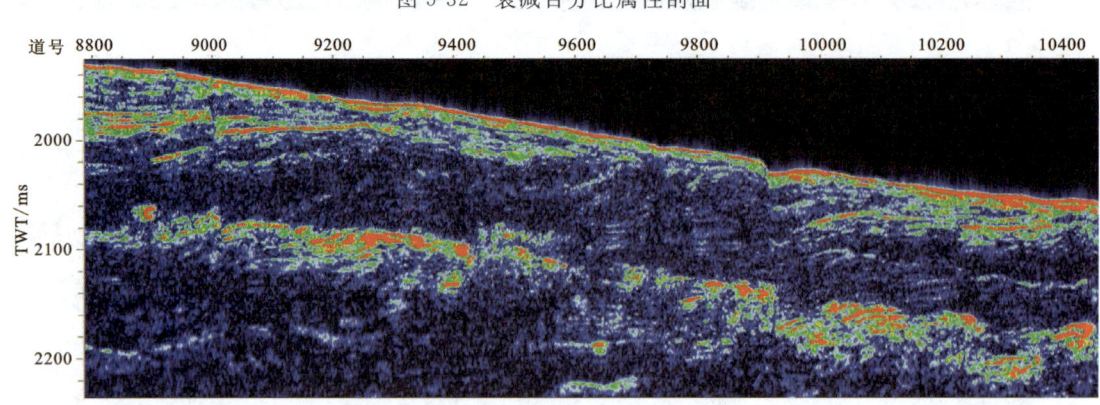

图 5-33　峰值振幅属性剖面

(7) 峰值频率计算地震道各个采样点的最大频率值,用于描述含水合物地层和正常地层之间在频谱特征上的差异,体现水合物的频率特征,对水合物地层的弱反射效果最好,消除强反射对弱反射的遮蔽效应(图 5-34)。

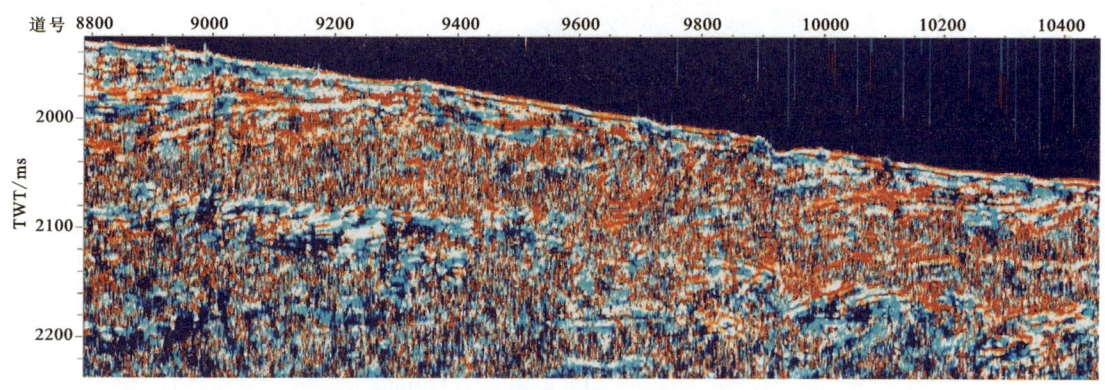

图 5-34　峰值频率属性剖面

通过对频率类属性、振幅类属性、相位类属性、波形类属性、反演类属性、叠前 AVO 类属性进行分析对比,认为分频属性总体优于常规属性。

(1) 分频属性分析角度多样,系统性强,从单频能量、频段能量、峰值频率、频谱特征、高频衰减、低频共振等方面刻画水合物相关的特征。

(2) 分频属性既能通过频率、能量等属性刻画固体水合物特征,又能通过衰减等属性刻画相关游离气的特征,减少多解性。

(3) 分频属性显示多样,可以从时间切片、沿层属性、剖面、体属性、频率域、单道、单样点等多种角度分析,方便与探井数据结合。

(4) 分频方法多样,最小程度受到时窗因素影响,提高可信度。

(5) 分频技术比较成熟,适用性广、系统性强,通过已有的实践经验积累,减少了地球物理方法识别中的多解性。

5.2.2　渗漏型水合物

1) 海底振幅异常特征

如前所述,渗漏型水合物一般赋存于海底浅表层,对成像后的数据沿着海底选取一定的时窗(包含海底),时窗大小与数据的分辨率有关,其长度要包含表层可能含水合物的深度,然后根据这一时窗内的各种属性(通常是振幅)及波形的变化,对时窗进行多属性聚类分析,实现地震相到沉积相的转化,最后综合分析可能含有水合物分布的区域,以此确定不同类的地质含义,从而识别浅表层渗漏型水合物。

通过对海底浅层赋存水合物进行正演发现(图 5-35),当水合物距离海底比较近时,一方面使得海底振幅略微增强,另一方面会在海底波峰反射下方产生较多的波峰反射,与浅表层不含水合物区域明显不同,可以用来辅助识别浅表层水合物的存在。

通过提取测线浅层海底波峰反射下方的振幅分布特征(图 5-36),发现海底附近有几处振

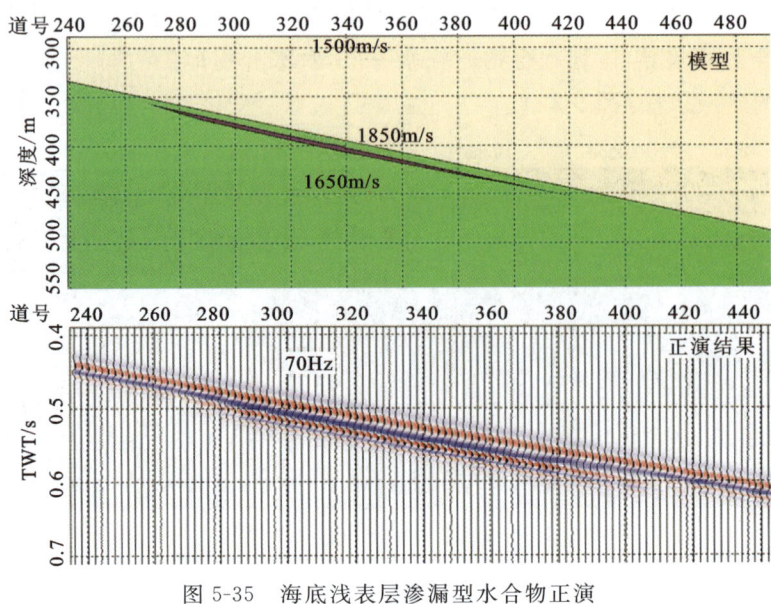

图 5-35　海底浅表层渗漏型水合物正演

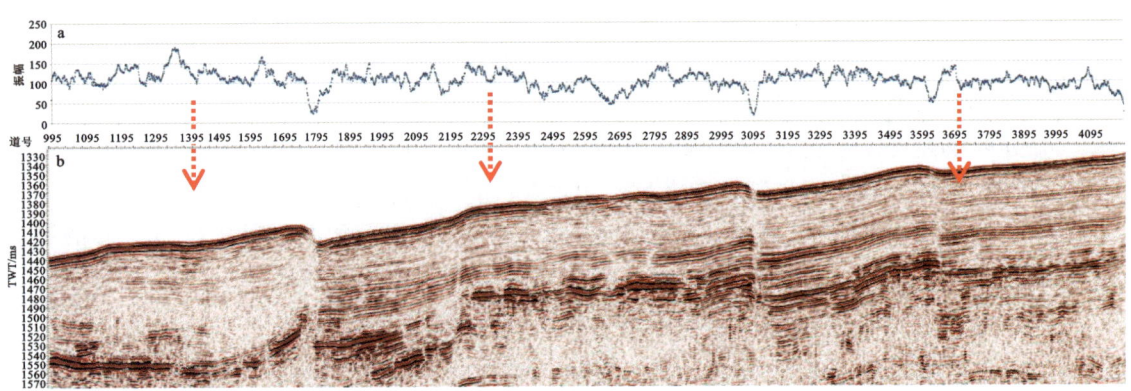

图 5-36　海底下方振幅曲线(a)与渗漏型水合物地震剖面(b)对照图

幅明显增强,高于周围背景值,可能为浅层疑似水合物造成的异常,与模型反射特征相似。

图 5-37 为瞬时振幅属性剖面,在疑似气通道上方海底附近的振幅明显,有横向变化异常,与周围差异明显。图 5-38 测线在疑似气烟囱附近,也存在明显的高振幅异常,推测与浅表层含水合物有关。

2) 海底 AVO 特征分析

根据直达波信息获得地震波在水中的衰减函数,并将这一函数应用于近道地震反射数据,获得近道海底的反射振幅信息,然后根据反射振幅异常确定海底反射系数较高的异常区域,推测水合物的存在。

通过计算测线远偏移距振幅和近偏移距振幅的比值(图 5-39),然后沿海底向下开时窗提取比值变化曲线,发现在可能发育疑似水合物的海底附近比值明显偏高,高于周围背景值,能够比较好地刻画浅层水合物的分布。

5 电火花震源高分辨率地震勘查技术应用

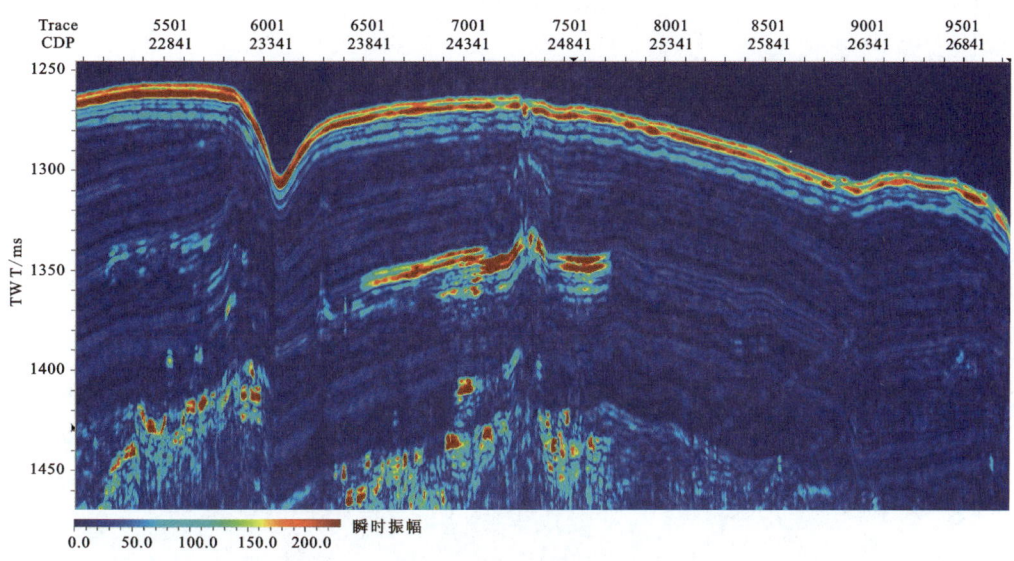

图 5-37　瞬时振幅属性剖面

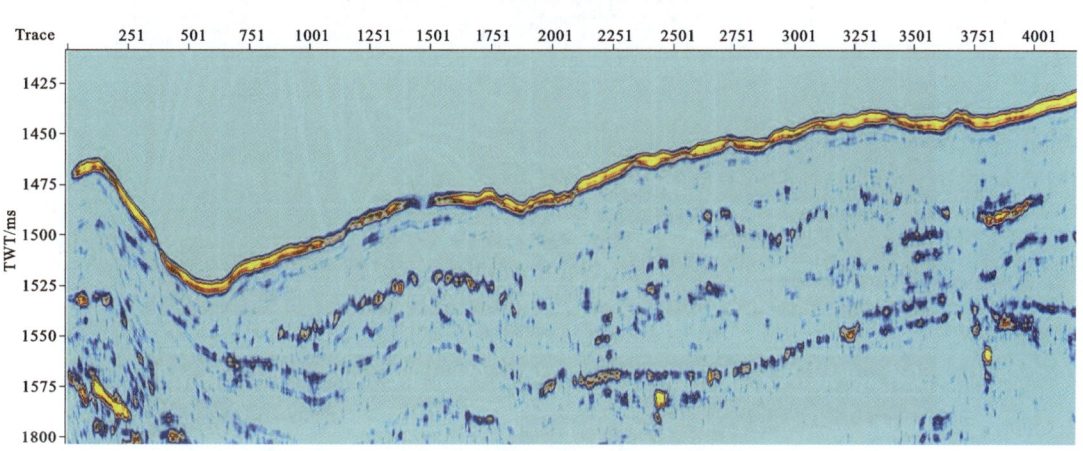

图 5-38　瞬时振幅属性剖面

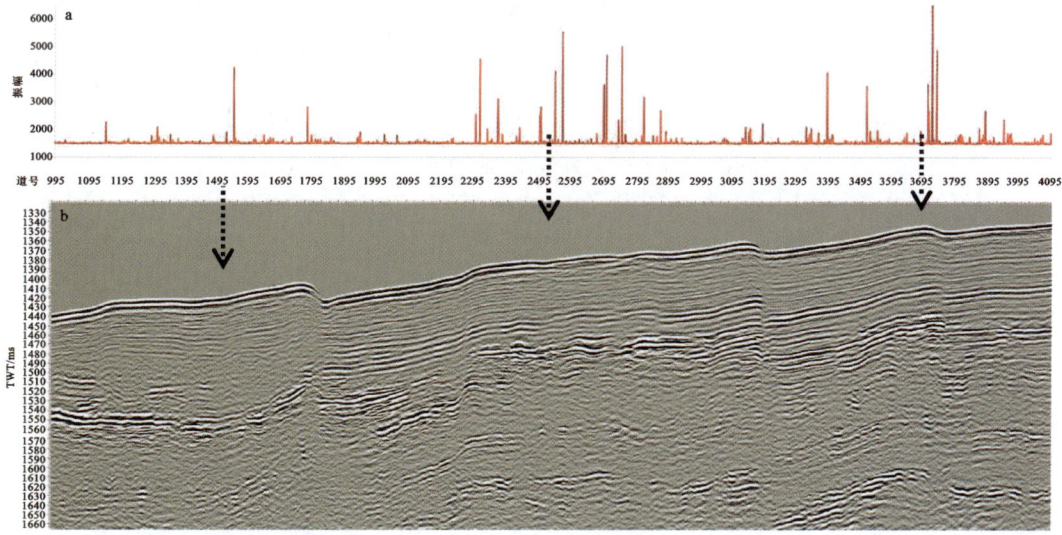

图 5-39　远近偏移距振幅比值曲线(a)与渗漏型水合物地震剖面(b)对照图

3）近海底地震波吸收衰减变化分析

通过计算地层对地震波能量吸收的大小（Q值）来确定水合物的分布，Q值越大，含水合物可能性越高。在图 5-40 瞬时 Q 值属性剖面示例 1 中，近海底浅层存在明显 Q 值偏高异常，都分布在疑似气烟囱两侧，推测海底浅层水合物比较发育。在图 5-41 瞬时 Q 值属性中剖面示例 2 中，近海底浅层存在明显的 Q 值偏高异常，都分布在疑似气烟囱附近，这些区域与瞬时频率属性中显示的海底局部高频异常比较温和，推测与海底浅表层游离气和渗漏型水合物比较发育有关。

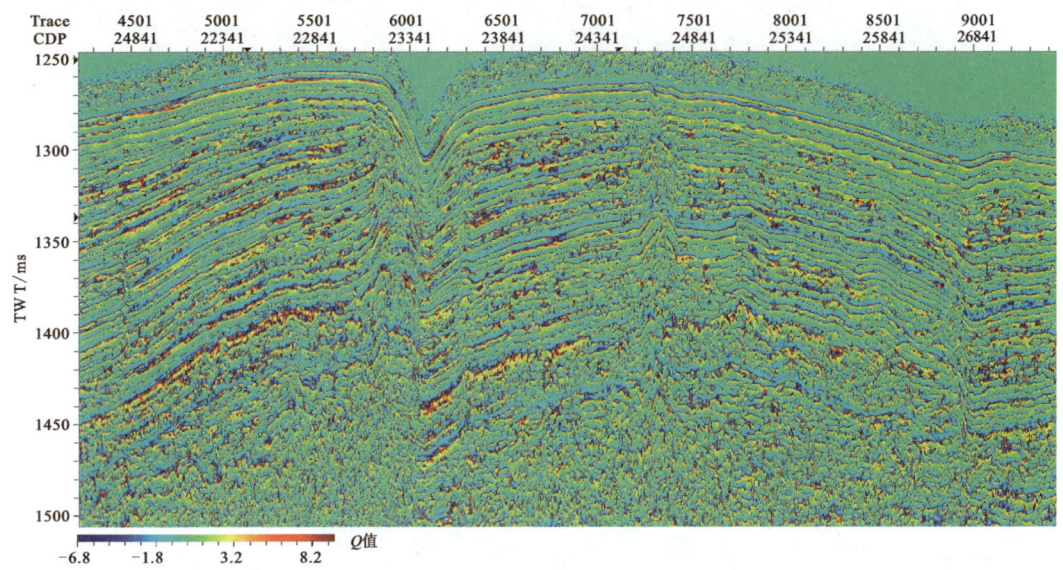

图 5-40　瞬时 Q 值属性剖面示例 1

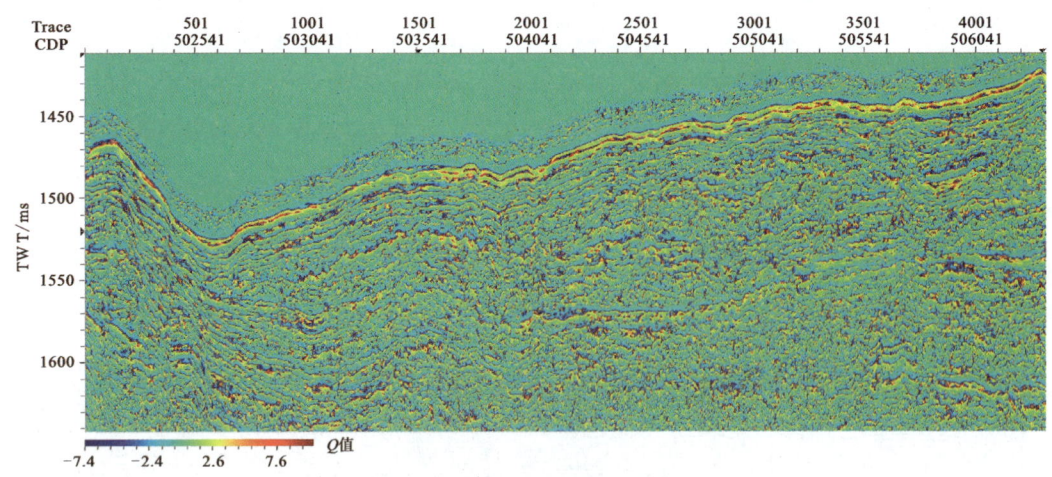

图 5-41　瞬时 Q 值属性剖面示例 2

4）地震属性分析

浅表层渗漏型水合物常伴随着高通量的流体活动，与气烟囱、麻坑、泥火山等海底冷泉活动密切相关，因此振幅属性、频率属性、相位属性、波形属性和分频属性等地震属性同样可用于渗漏型水合物的识别,通过识别气烟囱等气体运移通道和振幅异常,间接识别渗漏型水合物。下面给出两例典型的渗漏型水合物的实例。

实例1:围绕气烟囱环状分布的渗漏型水合物

图5-42地震剖面中存在能量较强的强反射,呈现多层强反射特征,断层不发育,切层特征局部不明显,主要发育在气烟囱附近,而远离气烟囱的区域,反射振幅迅速减弱或消失,经海底浅钻取样证实,该强振幅为块状渗漏型水合物,围绕气烟囱呈环状分布。

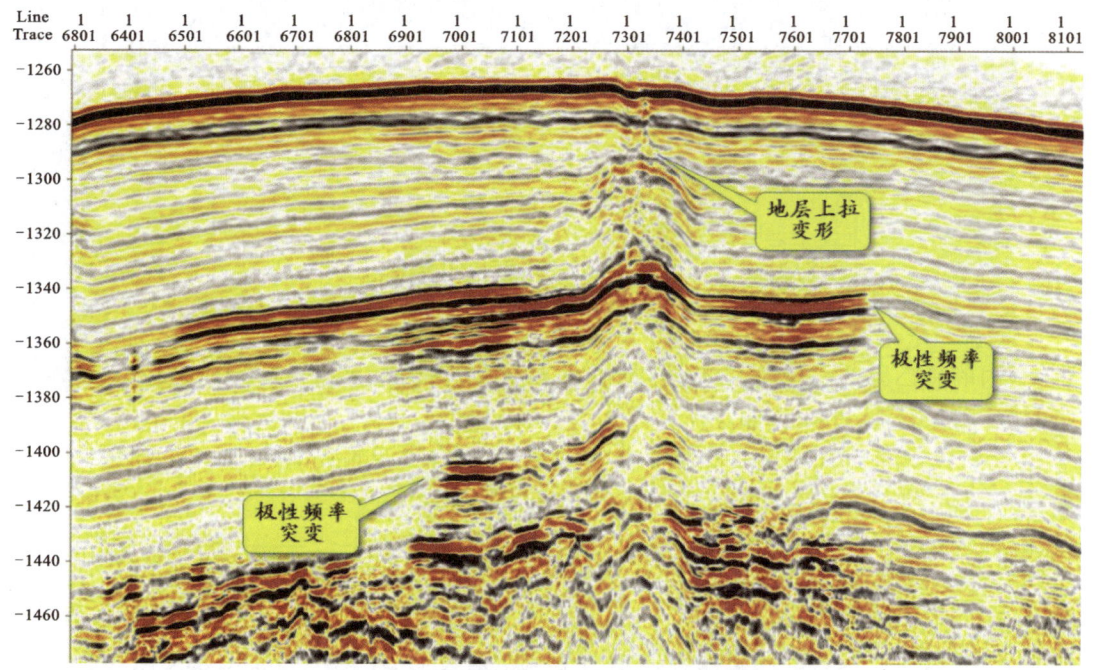

图5-42 渗漏型水合物实例1——地震剖面

瞬时振幅属性中(图5-43),水合物和游离气形成的强反射特征十分清楚,根据强反射的顶底界面可以确定水合物顶底面。瞬时振幅属性显示横向振幅有明显变化,表明水合物分布不均匀,水合物饱和度存在横向变化。

瞬时频率属性中(图5-44),强振幅下方整体以低频为主,气通道内部和周边发育大量的低频纵向异常,向下与深部大片低频异常相连,推测与深部游离气层厚度大、气层发育相关,而水合物没有明显的频率异常。

"甜点"属性与瞬时振幅属性特征基本相同(图5-45),水合物横向"甜点"属性有明显变化,表明水合物饱和度横向分布不均匀。

高频衰减属性中(图5-46),水合物和下伏游离气呈现明显的高频衰减异常,气通道上方海底也呈现明显的衰减异常。同时,海底、水合物和深层游离气衰减属性的横向变化表明,水合物和游离气横向分布非均质性较强。

低频共振属性中(图5-47),水合物和深部游离气呈现明显的高频衰减异常,气通道上方海底也呈现明显的低频异常,以游离气的低频共振异常最明显。

AVO属性中(图5-48),水合物有较明显的异常,异常连续性较好,气通道有微弱的异常,气通道的"上拉"特征比较明显。

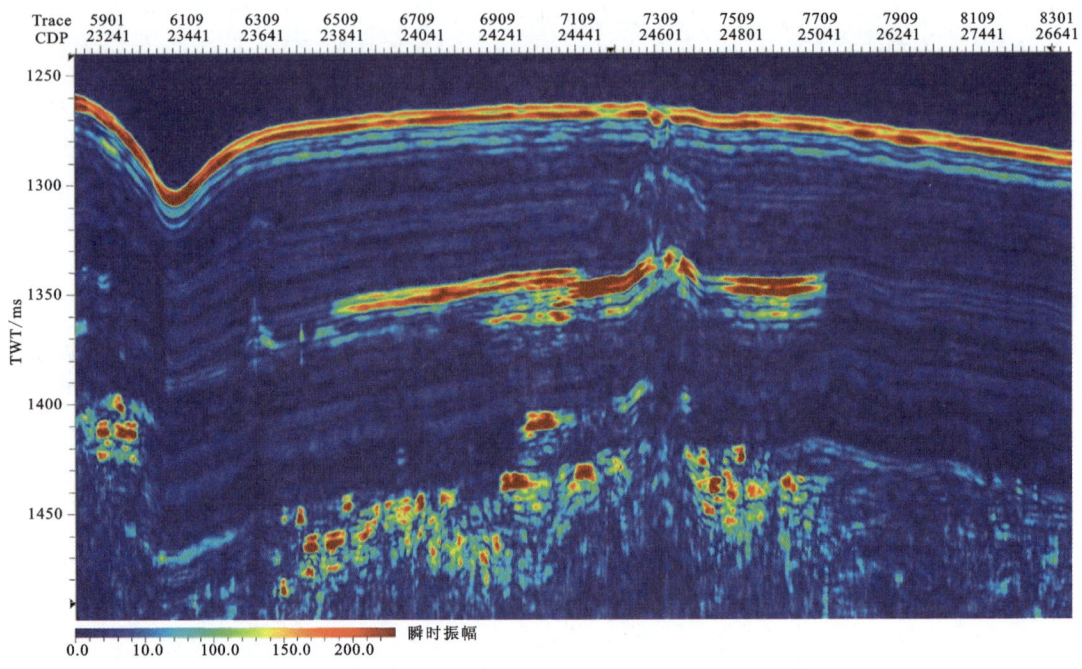

图 5-43　渗漏型水合物实例 1——瞬时振幅属性剖面

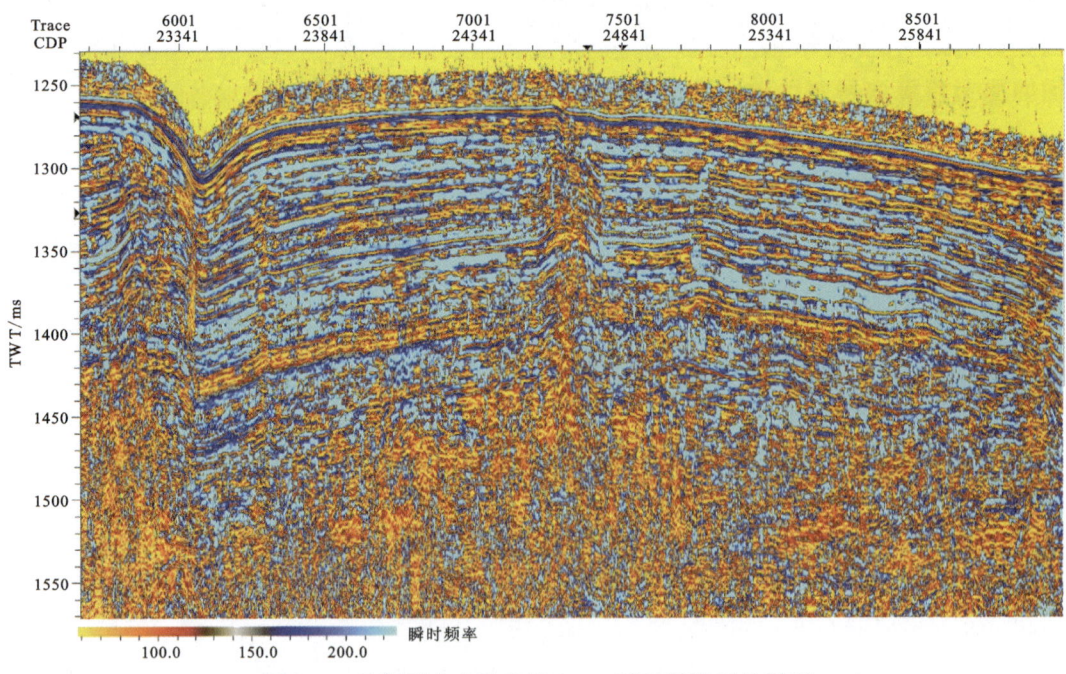

图 5-44　渗漏型水合物实例 1——瞬时频率属性剖面

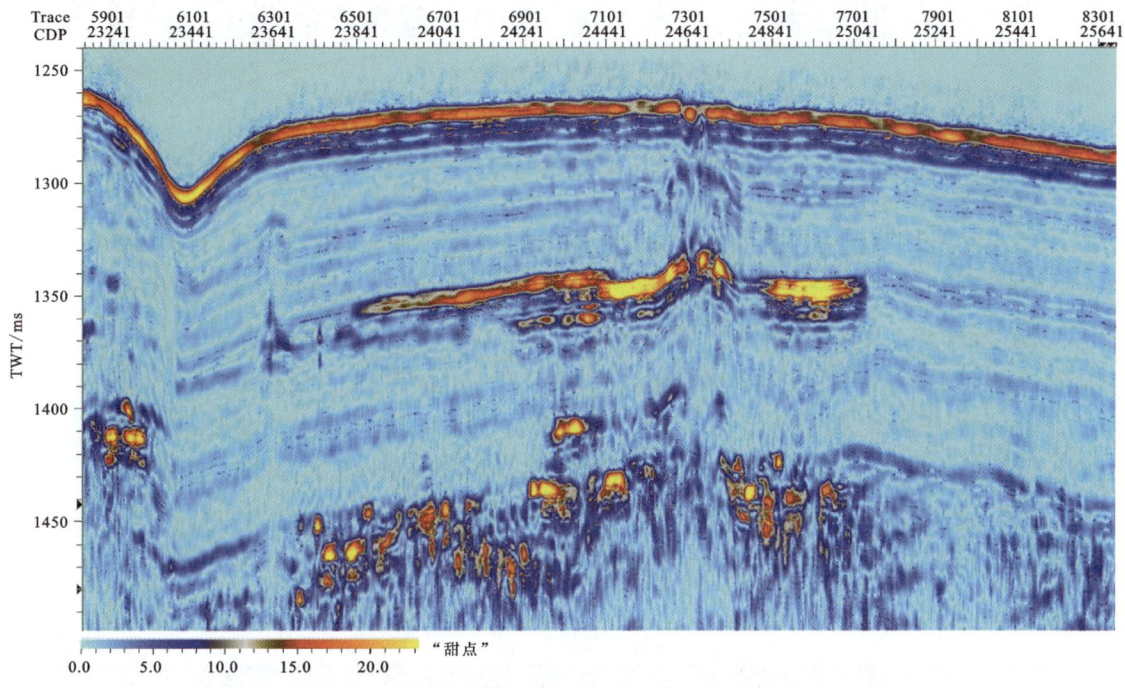

图 5-45 渗漏型水合物实例 1——"甜点"属性剖面

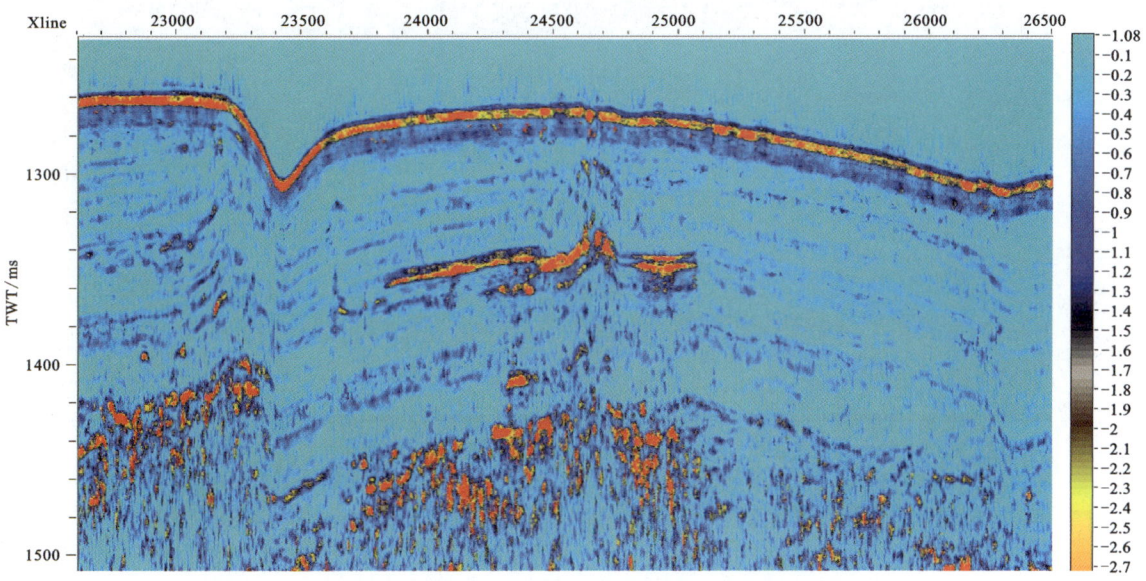

图 5-46 渗漏型水合物实例 1——高频衰减属性剖面

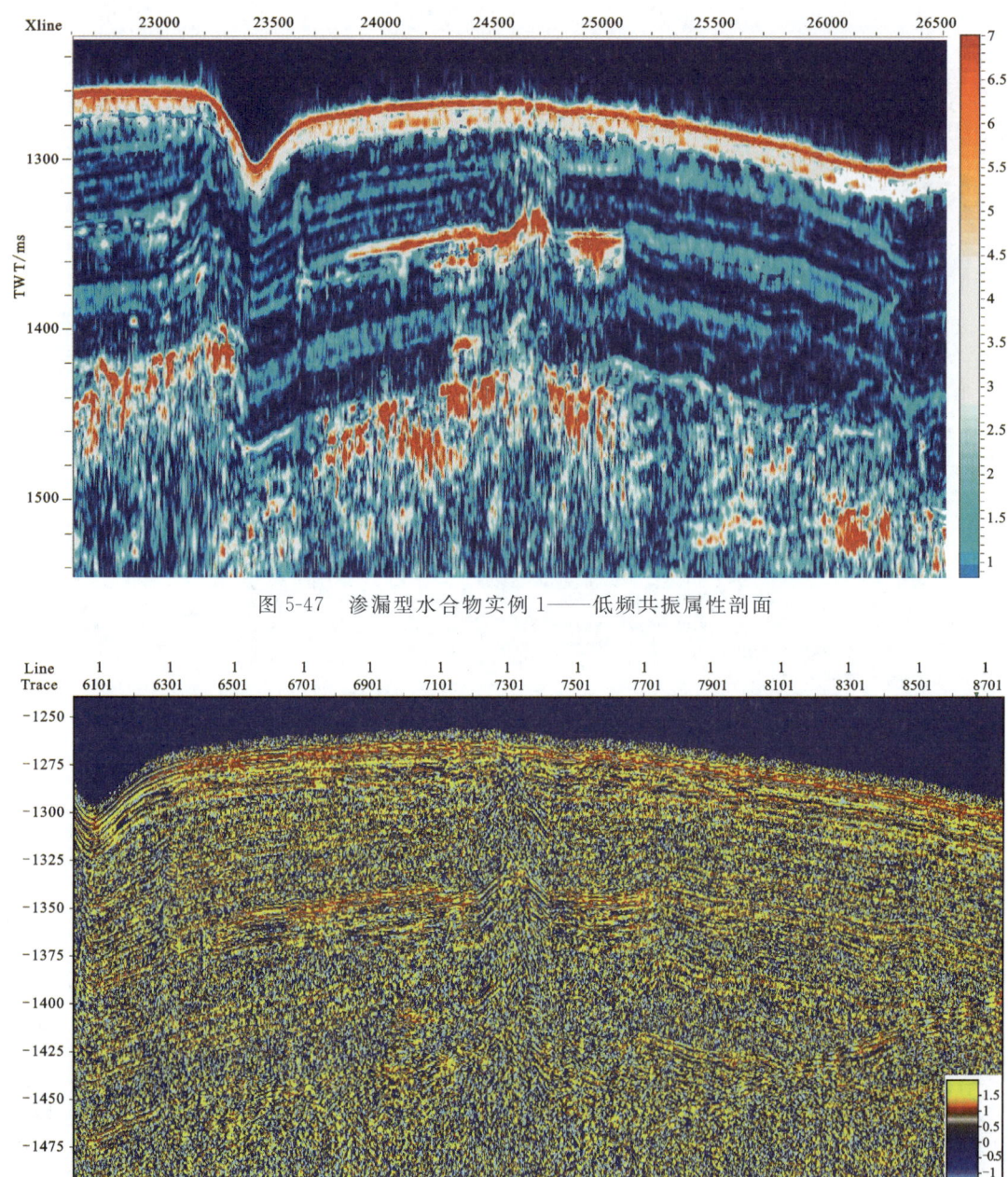

图 5-47 渗漏型水合物实例 1——低频共振属性剖面

图 5-48 渗漏型水合物实例 1——AVO 属性剖面

实例 2：发育在气烟囱顶部的渗漏型水合物

图 5-49 中发育 3 个规模巨大的气烟囱，可能与浅层正断层发育有关，气烟囱内部呈现空白—弱反射，与周边地层明显不同，同时气烟囱顶部存在强振幅反射，推测局部发育厚度较大的水合物。

瞬时振幅属性中（图 5-50），由水合物形成的强反射特征十分清晰，根据强反射顶底可以确定水合物顶底面。瞬时振幅表明水合物主要分布在气通道顶部，少量分布在气通道侧面，但仅仅局限在气通道周边。同时,由于气通道未上升到海底,厚层水合物上方海底瞬时振幅没有明显变化。

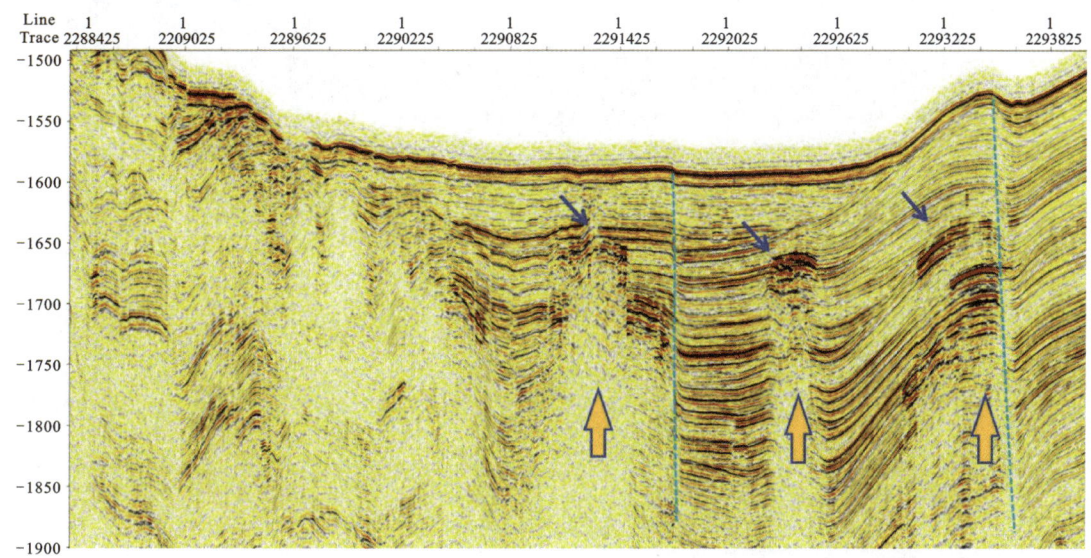

图 5-49　渗漏型水合物实例 2——地震剖面

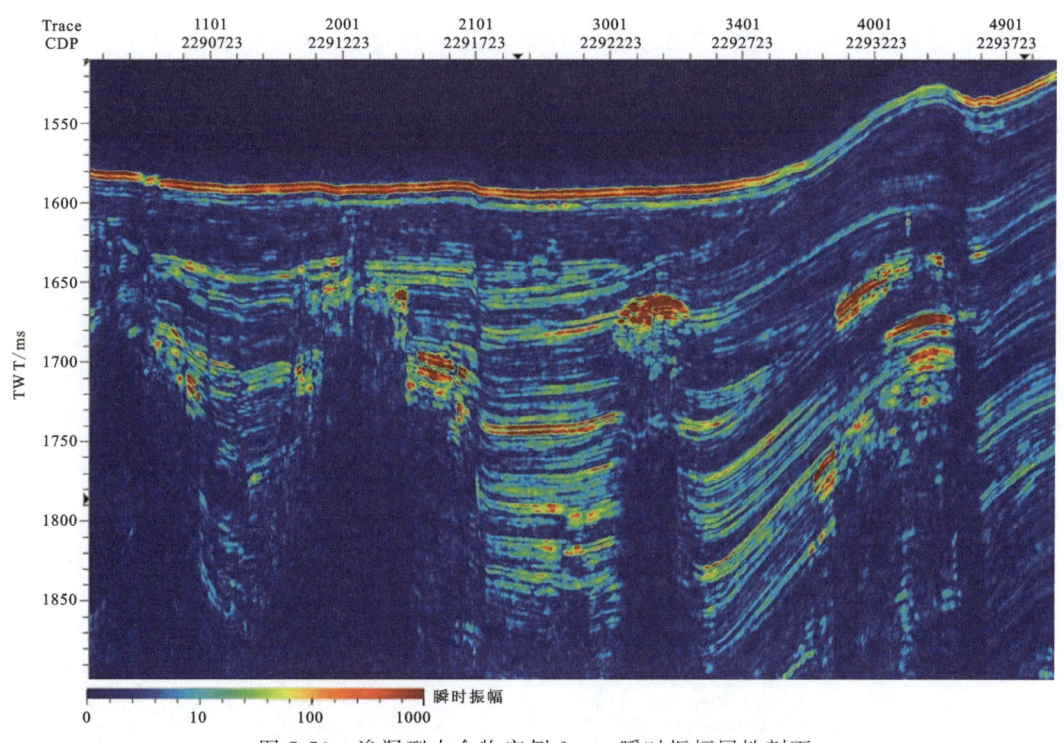

图 5-50　渗漏型水合物实例 2——瞬时振幅属性剖面

瞬时频率属性中(图 5-51),局部厚层水合物没有明显的频率异常,下部气烟囱内部发育大面积纵向低频异常,且越靠近气通道顶部,低频异常越发育,说明气通道中上部气层十分发育,并有少量游离气扩散进入附近地层中。

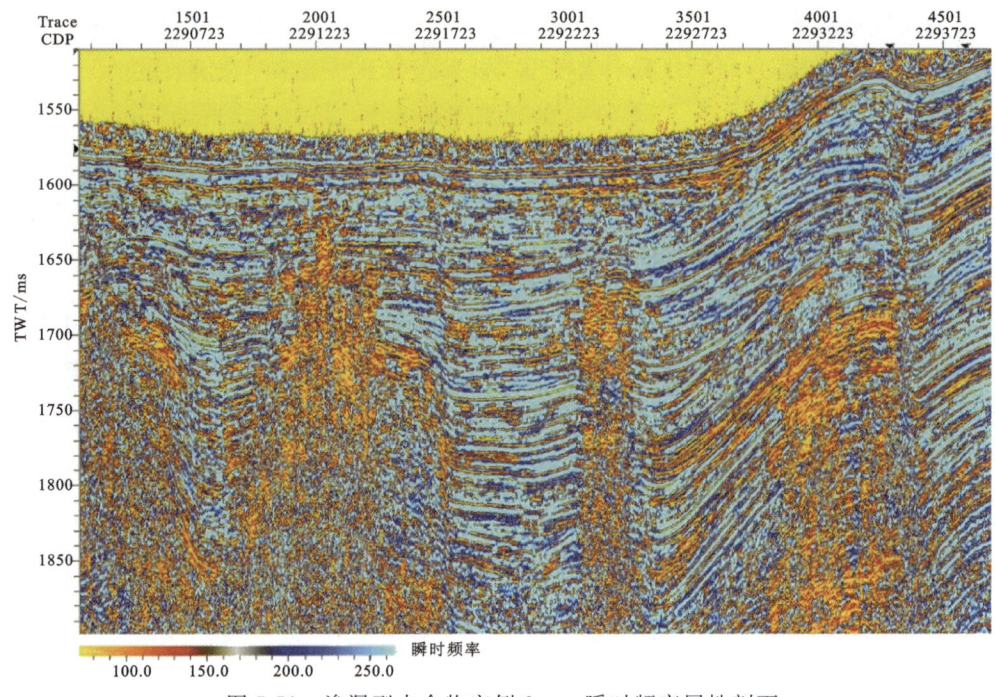

图 5-51 渗漏型水合物实例 2——瞬时频率属性剖面

瞬时相位属性中(图 5-52),中浅层地层反射结构清晰可见,水合物和疑似气烟囱发育区均呈现出显著的相位特征,尤其在气烟囱中上部,说明气烟囱中上部气层十分发育。气烟囱中下部有明显的"下拉"特征发育,推测与上方水合物聚集密切相关。

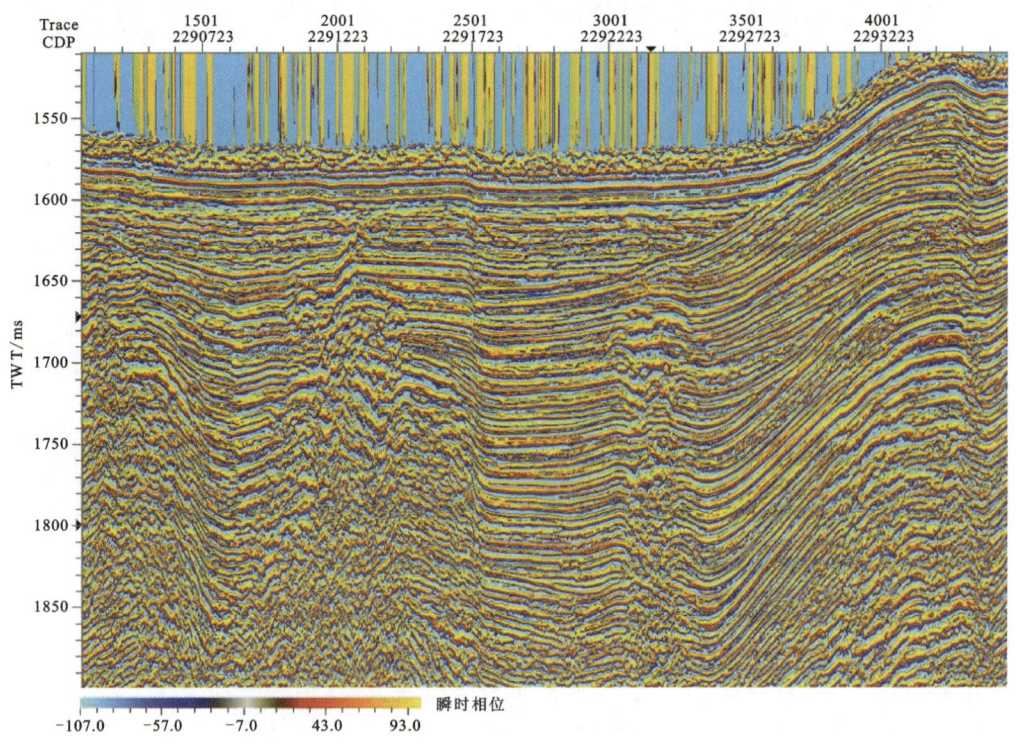

图 5-52 渗漏型水合物实例 2——瞬时相位属性剖面

峰值频率属性中,局部水合物没有明显的频率异常,疑似气烟囱发育大量的纵向低频异常,且越靠近气烟囱顶部,低频异常越发育,说明气体主要聚集在气烟囱的顶部(图5-53)。

高频衰减属性中(图5-54),气烟囱中上部和气层顶部厚层水合物呈现明显的高频衰减异常,其中,气烟囱顶部水合物异常更加明显。同时,水合物和气烟囱内衰减属性的横向剧烈变化表明,水合物和游离气横向分布非均质性较强。

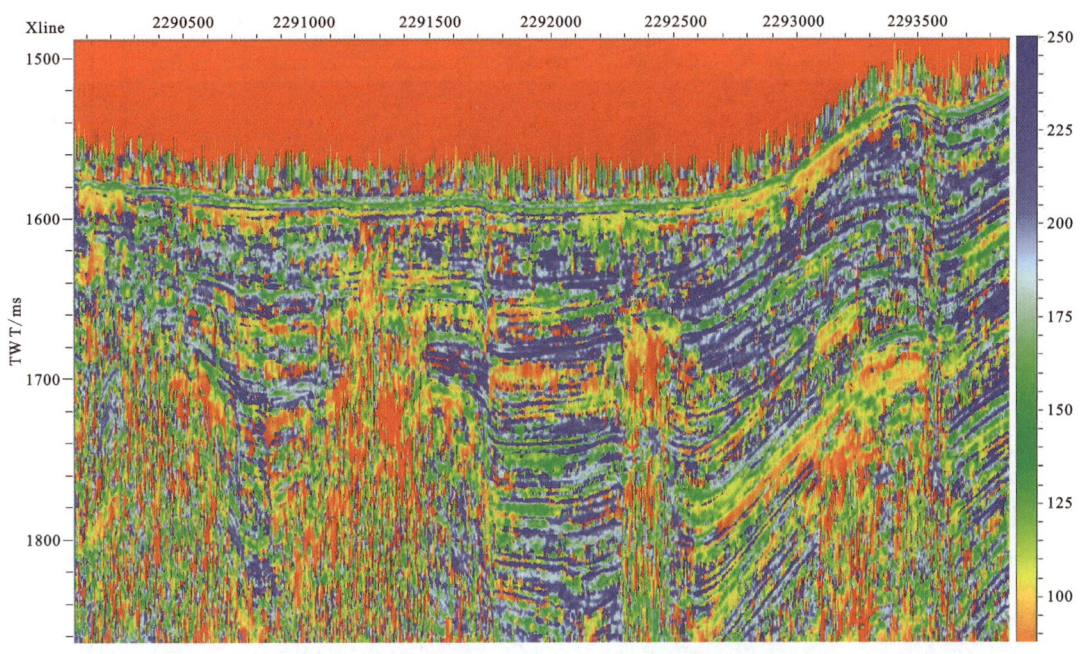

图 5-53 渗漏型水合物实例 2——峰值频率属性剖面

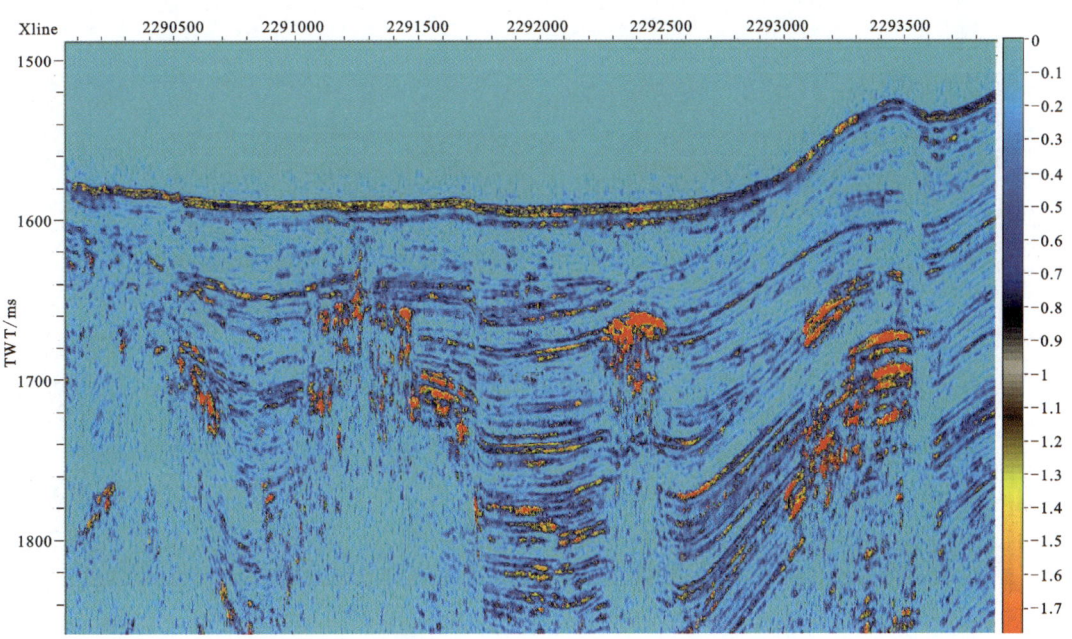

图 5-54 渗漏型水合物实例 2——高频衰减属性剖面

低频共振属性中(图 5-55),气烟囱中上部和气层顶部厚层水合物呈现明显的异常,其中,气烟囱顶部水合物异常更加明显。同时,靠近气烟囱的周边地层中也发育比较明显的低频共振异常,推测与气体向周围地层扩散有关。

AVO 属性中,水合物有较明显的异常,背景值相差比较明显,气烟囱有较明显的异常,气烟囱的轮廓特征比较明显。由于电火花震源能量弱,AVO 属性横向和纵向变化很快,规律性较差(图 5-56)。

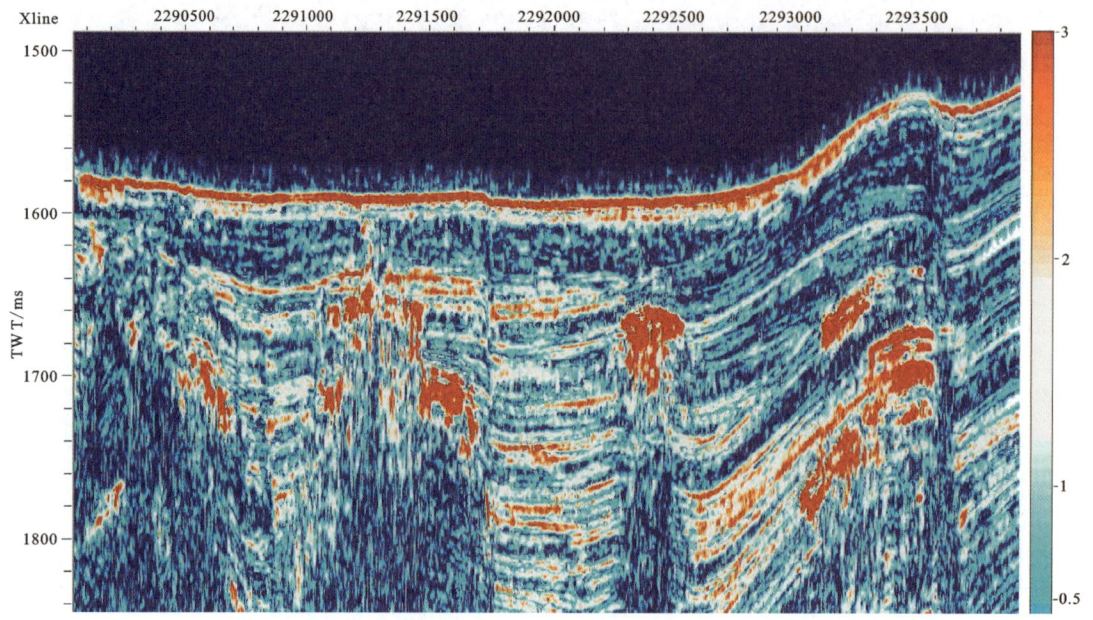

图 5-55　渗漏型水合物实例 2——低频共振属性剖面

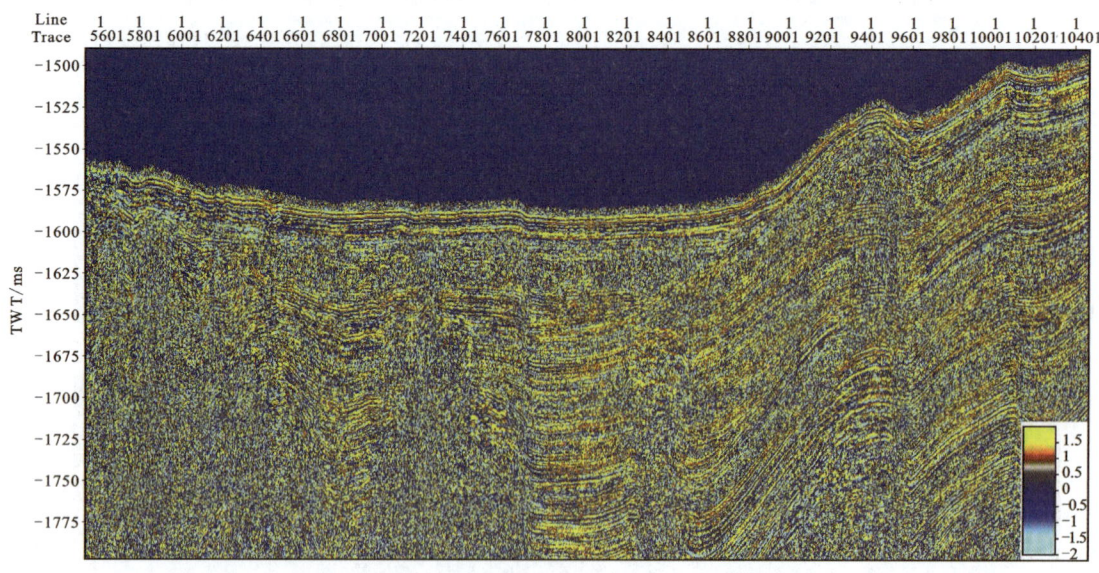

图 5-56　渗漏型水合物实例 2——AVO 属性剖面

主要参考文献

骆迪,蔡峰,吴志强,等,2019.海洋短排列高分辨率多道地震高精度成像关键技术[J].地球物理学报,62(2):730-742.

沙志彬.2019.南海东北部海域 XN 区块天然气水合物资源综合预测与评价[D].武汉:中国地质大学(武汉).

苏正,陈多福,2006.海洋天然气水合物的类型及特征[J].大地构造与成矿学,30(2):256-264.

王冲,顾汉明,许自强,等,2016a.频率慢度域自适应迭代反演算法压制海上倾斜缆鬼波方法及其应用[J].地球物理学报,59(12):4677-4689.

王冲,顾汉明,许自强,等,2016b.最小二乘反演迭代算法在压制海上变深度缆采集数据虚反射中的应用[J].地球物理学报,59(5):1790-1803.

吴时国,王秀娟,陈瑞新,等,2015.天然气水合物地质概论[M].北京:科学出版社.

杨睿,吴能友,白杰,等,2013.南海北部无明显 BSR 地区天然气水合物识别研究[J].地球物理学进展(2):1033-1040.

于兴河,梁金强,方竞男,等,2012.珠江口盆地深水区晚中新世以来构造沉降与似海底反射(BSR)分布的关系[J].古地理学报(6):787-800.

AKI K, RICHARDS P, 1980. Quantitative seismology theory and methods[M]. SanFrancisco: W. H. Freeman and Co.

BOROWSKI W S, 2004. A review of methane and gas hydrates in the dynamic, stratified system of the Blake Ridge region, offshore southeastern North America[J]. Chemical Geology,205(3-4): 311-346.

CASTAGNA J P, SUN S, SIEGFRIED R W, 2003. Instantaneous spectral analysis: Detection of low-frequency shadows associated with hydrocarbons[J]. The Leading Edge,22(2): 120-127.

CHUN J H, RYU B J, SON B K,et al.,2011.Sediment mounds and other sedimentary features related to hydrate occurrences in a columnar seismic blanking zone of the Ulleung Basin, East Sea, Korea[J]. Marine and Petroleum Geology,28(10):1787-1800.

COREN F, VOLPI V, TINIVELLA U,2001. Gas hydrate physical properties imaging by multi-attribute analysis-Blake Ridge BSR case history[J]. Marine Geology,178(1-4): 197-210.

DEWANGAN P, MANDAL R, JAISWAL P, et al., 2014. Estimation of seismic attenuation of gas hydrate bearing sediments from multi-channel seismic data: A case study from Krishna-Godavari offshore basin[J]. Marine and Petroleum Geology, 58, Part A(0): 356-367.

DEWANGAN P, SRIRAM G, KUMAR A, et al., 2021. Widespread occurrence of methane seeps in deep-water regions of Krishna-Godavari basin, Bay of Bengal[J]. Marine and Petroleum Geology, 124: 104-783.

FUJII T, SUZUKI K, TAKAYAMA T, et al., 2015. Geological setting and characterization of a methane hydrate reservoir distributed at the first offshore production test site on the Daini-Atsumi Knoll in the eastern Nankai Trough, Japan[J]. Marine and Petroleum Geology, 66: 310-322.

GAY A, LOPEZ M, ONDREAS H, et al., 2006. Seafloor facies related to upward methane flux within a Giant Pockmark of the Lower Congo Basin[J]. Marine Geology, 226(1): 81-95.

HAN W C, CHEN L, LIU C S, et al., 2019. Seismic analysis of the gas hydrate system at Pointer Ridge offshore SW Taiwan[J]. Marine and Petroleum Geology, 105: 158-167.

HILTERMAN F, 1990. Is AVO the seismic signature of lithology? A case history of Ship Shoal-South Addition[J]. The Leading Edge, 9(6): 15-22.

HUSTOFT S, BUNZ S, MIENERT J, 2010. Three-dimensional seismic analysis of the morphology and spatial distribution of chimneys beneath the Nyegga pockmark field, offshore mid-Norway[J]. Basin Research, 22(4): 465-480.

ISMAIL A, EWIDA H F, AL-IBIARY M G, et al., 2020. Identification of gas zones and chimneys using seismic attributes analysis at the Scarab field, offshore, Nile Delta, Egypt[J]. Petroleum Research, 5(1): 59-69.

JEONG T, BYUN J, CHOI H, et al., 2014. Estimation of gas hydrate saturation in the Ulleung basin using seismic attributes and a neural network[J]. Journal of Applied Geophysics, 106(0): 37-49.

LI L, LIU H, ZHANG X, et al., 2015. BSRs, estimated heat flow, hydrate-related gas volume and their implications for methane seepage and gas hydrate in the Dongsha region, northern South China Sea[J]. Marine and Petroleum Geology, 67: 785-794.

LIN C C, LIN A T S, LIU C S, et al., 2009. Geological controls on BSR occurrences in the incipient arc-continent collision zone off southwest Taiwan[J]. Marine and Petroleum Geology, 26(7): 1118-1131.

LUO D, CAI F, WU Z Q, 2017. Numerical simulation for accuracy of velocity analysis in small-scale high-resolution marine multichannel seismic technology[J]. Journal of Ocean University of China, 16(3): 370-382.

LÜDMANN T, WONG H K, 2003. Characteristics of gas hydrate occurrences associated with mud diapirism and gas escape structures in the northwestern Sea of Okhotsk [J]. Marine Geology,201(4): 269-286.

MATSUMOTO R, KAKUWA Y, SNYDER G T, et al., 2017. Occurrence and origin of thick deposits of massive gas hydrate, Eastern Margin of the Sea of Japan[C]. The 9th International Conference on Gas Hydrates, Denver, Colorado USA.

MOSHER D C, 2011. A margin-wide BSR gas hydrate assessment: Canada's Atlantic margin[J]. Marine and Petroleum Geology,28(8): 1540-1553.

NETZEBAND G L, KRABBENHOEFT A, ZILLMER M, et al., 2010. The structures beneath submarine methane seeps: Seismic evidence from Opouawe Bank, Hikurangi Margin, New Zealand[J]. Marine Geology, 272(1-4):59-70.

PAULL C, USSLER W, HOLBROOK W S, et al., 2008. Origin of pockmarks and chimney structures on the flanks of the Storegga Slide, offshore Norway[J]. Geo-Marine Letters,28(1): 43-51.

PORTNOV A, COOK A E, SAWYER D E, et al., 2019. Clustered BSRs: Evidence for gas hydrate-bearing turbidite complexes in folded regions, example from the Perdido Fold Belt, northern Gulf of Mexico[J]. Earth and Planetary Science Letters,528: 115843.

PORTNOV A, SANTRA M, COOK A E, et al., 2020. The Jackalope gas hydrate system in the northeastern Gulf of Mexico[J]. Marine and Petroleum Geology, 111: 261-278.

QIAN J, KANG D, JIN J, et al., 2022. Quantitative seismic characterization for gas hydrate- and free gas-bearing sediments in the Shenhu area, South China sea[J]. Marine and Petroleum Geology,139: 105606.

RYU B J, RIEDEL M, KIM J H, et al., 2009. Gas hydrates in the western deep-water Ulleung Basin, East Sea of Korea[J]. Marine and Petroleum Geology,26(8): 1483-1498.

SATYAVANI N, SAIN K, LALL M, et al., 2008. Seismic attribute study for gas hydrates in the Andaman Offshore India[J]. Marine Geophysics Research, 2008(29): 167-175.

SHANKAR U, OJHA M, GHOSH R, 2021. Assessment of gas hydrate reservoir from inverted seismic impedance and porosity in the northern Hikurangi margin, New Zealand [J]. Marine and Petroleum Geology,123: 104751.

SHIPLEY T H, HOUSTON M H, BUFFLER R T, et al., 1979. Seismic Evidence for Widespread Possible Gas Hydrate Horizons on Continental Slopes and Rises[J]. American Association of Petroleum Geologists Bulletin,63(12):2204-2213.

WAITE W F, RUPPEL C D, BOZE L G, et al., 2020. Preliminary global database of known and inferred gas hydrate locations: U. S. [R]. United States Geological Survey data release.

WANG X, LIU B, QIAN J, et al., 2018. Geophysical evidence for gas hydrate accumulation related to methane seepage in the Taixinan Basin, South China Sea[J]. Journal of Asian Earth Sciences, 168: 27-37.

WIDESS M B, 1973. How thin is a thin bed? [J]. Geophysics, 38(6): 1176-1180.

YI B Y, LEE G H, HOROZAL S, et al., 2011. Qualitative assessment of gas hydrate and gas concentrations from the AVO characteristics of the BSR in the Ulleung Basin, East Sea (Japan Sea)[J]. Marine and Petroleum Geology, 28(10): 1953-1966.

YOO D G, KANG N K, YI B Y, et al., 2013. Occurrence and seismic characteristics of gas hydrate in the Ulleung Basin, East Sea[J]. Marine and Petroleum Geology, 47: 236-247.

ZHANG R W, QI L H, ZHANG B J, et al., 2015. Detection of gas hydrate sediments using prestack seismic AVA inversion[J]. Applied Geophysics(3): 453-464+470.